纪念性景观

——基于文化视野的审视

张红卫　著

中国建筑工业出版社

图书在版编目（CIP）数据

纪念性景观——基于文化视野的审视／张红卫著．—北京：中国建筑工业出版社，2018.10
ISBN 978-7-112-22538-5

Ⅰ.①纪…　Ⅱ.①张…　Ⅲ.①纪念建筑—景观设计　Ⅳ.①TU251

中国版本图书馆CIP数据核字（2018）第182313号

责任编辑：杜　洁　李玲洁
责任校对：王　瑞

纪念性景观——基于文化视野的审视

张红卫　著

*

中国建筑工业出版社出版、发行（北京海淀三里河路9号）
各地新华书店、建筑书店经销
北京点击世代文化传媒有限公司制版
北京京华铭诚工贸有限公司印刷

*

开本：850×1168毫米　1/32　印张：5½　字数：113千字
2018年10月第一版　2018年10月第一次印刷
定价：**35.00**元
ISBN 978-7-112-22538-5
　　　（32618）

前　言

纪念性景观是一个内涵不断丰富，外延不断扩展的概念，自古至今，人们从建筑、风景园林、城乡规划、艺术设计等学科领域进行了很多的研究。

1996—1999 年，我在北京林业大学攻读硕士学位时，在白日新教授和王向荣教授的指导下完成了"纪念性空间"的论文写作，开始接触和涉猎纪念性景观方面的课题。在后续的学习和工作中，又陆续进行了一些研究，单独或合作发表了一些相关的论文，其中包括和导师王向荣教授合作发表的两篇论文"漫谈当代纪念性景观设计"和"'因借无由，触情俱是'——论纪念性景观设计中对文字的运用"，这些论文的一些内容也糅合在本书中。

多年来的研究和体会，让我益发感觉到纪念性景观这一课题的复杂性，益发认识到对纪念性景观的研究，必须要在一个文化的视野下进行观察、审视，才能够更加清晰地认识其价值和相关的设计、营造工作。因此，在"纪念性空间"这篇论文的基础上，结合已经发表的一些论文，进行补充、修改和完善，最终形成了本书的模样，期望能与更多的建筑、风景园林、城乡规划、艺术设计界的同行们分享、探讨。

书中第 1 章探讨了相关概念和纪念性景观的属性、价值。第 2 章探讨了纪念性景观的文化属性和不同文化形态。第 3 章探讨了纪念性景观的文化价值，从"真"、"善"、"美"的角度分析了纪念性景观的文化价值以及纪念性景观的价值迷误、转变问题。第4章从文化创作的角度探讨了纪念性景观设计所面对的历史观、语言观和艺术观问题，同时探讨了纪念性景观设计与创作中作品、作者和读者的关系问题。第5章探讨了当代纪念性景观设计的文化特征，以供纪念性景观设计和创作人员在当下和今后的实践工作参考和借鉴。

尽管酝酿多年，仍觉成书仓促，欢迎读者提出宝贵的意见，并希望今后能不断完善相关的研究。

感谢1996—1999年读书期间，在完成《纪念性空间》的论文过程中，得到白日新教授和王向荣教授的悉心指导，得到北京林业大学许多教师和同学的关心和帮助！感谢所有对本书内容提供帮助的人！

感谢中国建筑工业出版社杜洁女士的信赖与耐心，才能够完成这本书的整理与写作，感谢李玲洁女士细致的编辑工作。

目　录

第1章

引言

1.1 相关概念

1.1.1 怀念

怀念：关心，思念。❶

英文中比较接近的对应单词或短语包括"yearn"、"miss"、"think of"等。

怀念是一种对过去人物或事物的回忆和思念，是一种内心的感受和体验。

怀念作为一种情感活动，其历史可以追溯得十分久远。考古学的成就，已经将人类最早的起源推至生活在 375~300 万年前的"人类祖母"——露西（Lucy），她的化石是 1974 年在埃塞俄比亚被发现的，属于南方古猿阿法种，已能像人那样直立行走。❷有人甚至怀着想象，描述她在临死前，从高空坠落的一瞬间对亲人的想念。作为智慧生命，从那么久远的时候开始，人类就不断面对着生离死别的场景，生命中会不断地回顾过往历史中的重要事件和人物，对亲人、往事的怀念也是一个永恒的主题。

怀念这种情感活动，不受场地与环境的制约，随时可以在人心中产生。唐朝诗人崔护曾有一首著名的诗《题都城南庄》："去年今日此门中，人面桃花相映红，人面不知何处去，桃花

---

❶ 阮智富，郭忠新编著 . 现代汉语大词典 [M] 上海：上海辞书出版社，2009：1589。

❷ 何顺果 . 世界史：以文明演进为线索 [M]. 北京：北京大学出版社，2012：5。

依旧笑春风。"就是一个典型的描写怀念的文学作品，怀念的情感也只是因为作者本人的经历应景而生。

历史漫长，人口众多，人类怀念的这种情感活动是难以用数量来衡量的。

1.1.2　纪念

纪念，亦作"记念"。记住并怀念。❶

英文中比较接近的对应单词为"commemorate"。

"纪念"这一概念是与怀念密切相关的，同时又较多地诉诸一定的行为、仪式，乃至修建纪念性的景观，表现出一定程度的社会性特点（图1-1）。

图 1-1　2017 年 12 月 13 日在南京举行的南京大屠杀死难者国家公祭仪式

图片来源：https://www.jfdaily.com/news/detail?id=73834

---

❶　夏征农，陈至立主编.辞海（第六版彩图本）2[M].上海：上海辞书出版社，2009：1032。

3

纪念的对象，也不仅仅是逝者或灾难，有时也有对胜利的纪念，既有对人物的纪念，也有对动物的纪念，不同的纪念主题和对象，心情、态度是不同的。

1.1.3 纪念性作品

人类进行的纪念性活动，导致了众多纪念性作品的出现，其类型也十分广泛，城市、教堂、纪念馆、坟茔、纪念雕塑、小说、诗歌、绘画、电影、电视剧、话剧等等，许多案例都能从其产生和命名的本意上找到纪念的初衷。

圣彼得堡（Saint Petersburg）原为纪念俄国从瑞典手中夺得位于涅瓦河（Neva River）的入海口而建（图1-2）。1703年5月16日为建城纪念日。1924年列宁逝世后，为了纪念列宁，城市曾改名为列宁格勒（Leningrad）。1991年9月6日，俄罗斯联邦最高苏维埃颁布法令宣布"列宁格勒"恢复"圣彼得堡"旧名。纪念，始终是这座城市的文化主题之一。

美国首都华盛顿的全称是华盛顿哥伦比亚特区（Washington, District of Columbia，简写为 Washington，D.C.），是为纪念美国开国元勋乔治·华盛顿（George Washington，1732—1799年）和发现美洲新大陆的意大利航海家克里斯托弗·哥伦布（Christopher Columbus，1451—1506年）而命名，城市的核心区域耸立着华盛顿纪念碑（图1-3）。对华盛顿的纪念，是这座城市的肇始，也贯穿着这座城市的历史。

图 1-2　位于俄罗斯圣彼得堡的彼得大帝雕像

图片来源：作者绘制

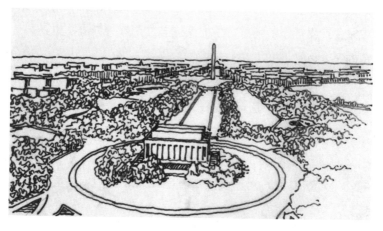

图 1-3　美国首都华盛顿

图片来源：作者绘制

如果探讨人类纪念性作品的历史，那么数万年前人类早期的岩画中所描绘的场景，可能就有对某次狩猎活动的纪念。

　　据一些研究，自古至今地球上曾出生过至少1000亿左右的人口。❶ 这其中大多数的个体都会拥有值得怀念和纪念的人物或事物，所以，怀念、纪念的行为及相关作品浩如烟海。这些纪念性情感、行为和作品大多淹没在历史的长河里，无从被人知晓，即使目前地球上存在的纪念性作品都能够被挖掘和发现，鉴于个体有限的认知世界的能力以及时空的限制性，一个人在有生之年恐怕也无法穷尽地了解和认识存在于世界各地的、各种形式的纪念性作品。

　　一些非纪念性活动而形成的人类文明成果，由于处在时间维度的过去时，使得后来的人们在接触这些文明成果的时候，难免会产生怀念的情感，从而使这些文明成果或遗迹也具有一定的纪念意义。

　　位于浙江绍兴兰亭景区的曲水流觞（图1-4），是东晋永和九年（353年）三月初三，王羲之与友人聚会、赋诗、娱乐的地方，他在此写下著名的行书作品《兰亭序》。这一具有历史意义的场地及流水形式，既具有强烈的符号意义，在不同的场地被复制，对于现场参观者来说，也具有较强的纪念意义。

---

❶ 参见美国私营人口统计机构"人口参考局"（Population Reference Bureau）网站 .http：//www.prb.org/Publications/Articles/2002/HowManyPeopleHaveEverLivedonEarth.aspx。

图 1-4 绍兴兰亭景区的曲水流觞

图片来源: 作者拍摄

人所创作的纪念性作品在一定程度上是创作者情感、观点的表达,这些作品将在后续的时空中经受检验、消磨甚至湮灭,但总有一些得以长存,后者的存续期受到各种自然因素和人文因素的影响。

无论是《圣经》中的"耶米利哀歌"的苦楚,还是白居易著名的诗篇《长恨歌》的感伤,或是音乐《出埃及记》的悲壮,抑或是《红楼梦》里"好一似食尽鸟投林,落了片白茫茫大地真干净"的哀叹,那些优秀的纪念性作品能够穿越历史,是由于其独特的文化价值。

卢梭〔Jean-Jacques Rousseau,1712 年 6 月 28 日 —1778

年 7 月 2 日）的《忏悔录》、钟肇政的小说《浊流三部曲》、张贤亮的小说《绿化树》等都是描述自我人生历程的作品，怀念、纪念的意味十分明显，人们喜爱这些作品，是因为这些作品真实地记载了作者的心理感受，读者从中能发现与作者一样面临的人生困惑，或者找到解放自我的希望和道路，这也正是纪念性作品的文化价值所在，是其文化功能的体现。

1.1.4　景观

景观是指土地及土地上的空间和物质所构成的综合体，是复杂的自然过程和人类活动在大地上的烙印。❶ 英文中比较接近的词是"landscape"。

景观一般分为自然景观和人文景观两大类。❷

自然景观是指景观类型中，未曾受人类影响或影响极小的部分，如山地、水体、峡谷、海洋、特异地貌等。河南省焦作市云台山景区的红石峡景区（图 1-5），就是以自然形成的红色岩石峡谷为主的自然景观。

人文景观是指受到人类直接影响而使自然面貌发生明显变化的景观，如城市、村镇、工矿，以及各种人工构筑物及历史遗迹等。

凯旋门是罗马帝王为纪念各种重大事件而营造的纪念性建

❶ 俞孔坚. 以土地的名义：对景观设计的理解 [J]. 建筑创作，2003（7）：28-29。
❷ 阮智富，郭忠新编著. 现代汉语大词典 [M]. 上海：上海辞书出版社，2009：2228。

图 1-5 自然景观: 河南省焦作市云台山红石峡景观

图片来源: 作者拍摄

筑物，通常横跨在一条道路上单独建立，或布置在广场上，用石块砌筑，形似门楼，有一个或三个拱券门洞，拱肩及上楣部分装饰浮雕。

提图斯凯旋门（Arch of Titus）建造于公元81年，是为纪念罗马帝国提图斯皇帝镇压犹太人的胜利而建立（图1-6）。它位于古罗马广场西北端，外形高14.4m，宽13.3m，深6m，是现在罗马城中保留下来的三座凯旋门之一。另外两座分别是：塞维鲁凯旋门（Arch of Septimius Severus），建于公元203年；康斯坦丁凯旋门（Arch of Constantine），建于公元315年。提图斯凯旋门拱门内壁两侧墙上刻着浮雕，内容是歌颂提图斯（公元39—81年）和他的军队镇压犹太人凯旋

图1-6　人文景观：意大利罗马城的提图斯凯旋门

图片来源：作者绘制

而归，是一个庆祝胜利的人文景观。

景观不仅仅是一个客观的存在，而且常常是意义的载体，既与人们的生活相关，也具有文化和符号的含义。"景观在述说，它们透露自己的来历，声明自己的身份，并表明其建造者的信仰。" ❶

1.1.5　纪念性景观

纪念性景观是景观中的一个类型，是指用于纪念目的或具有纪念意义的景观类型。纪念性景观的内涵和外延都处在动态的发展过程中。

纪念性景观一词在英文中比较接近的单词是"memorial"、"monument"。

纪念性景观形成的条件是人的活动，因此其较多地表现为人文景观，即使一些纪念性景观中的自然要素（诸如植物、水体等）占据主要地位，甚至是唯一的要素，如纪念林等，也因为其是源于人的活动而具有明显的人文内涵和特点。

从生成的类型上来看，纪念性景观一方面是指由于人类活动、历史遗存等因素而具有某种纪念意义的景观，比如有历史意义的建筑物、名人故居、战场以及其他人文遗迹等，人们在这些景观面前难免会产生纪念和怀念的情感，景观因而具有了一定的纪念性。另一方面，它是指人们专门营造的、用于表达

---

❶ 安妮 . 惠斯顿 . 斯本撰文 . 景观的语言：文化、身份、设计和规划 [J]. 张红卫，李铁译 . 中国园林 .2016（2）：5-11。

纪念含义的各种景观，诸如坟墓、纪念塔、纪念柱、纪念碑、纪念堂馆、纪念门拱、纪念广场、纪念雕塑、纪念陵园、纪念公园等，是出于人们为了纪念的目的而形成的。

以景观的概念来归纳人类营造的各种纪念物，以及人类活动形成的各种具有纪念意义的遗址、遗迹，则可以将城市规划、建筑、风景园林、艺术等各个学科的相关研究对象涵盖在一个主题下进行总体的研究，并可对这一独特的研究对象有更全面的认识。

纪念性景观数量众多，类型丰富，其历史可以追溯到人类最早的文明。独特的文化意义，使得纪念性景观在人类文化史上居于极其重要的地位。

1949 年 9 月 30 日，中国人民政治协商会议第一届全体会议决定，为了纪念在人民解放战争和人民革命中牺牲的人民英雄，在首都北京建立人民英雄纪念碑。同一天毛主席为人民英雄纪念碑奠基，随后举行方案征集，初步确定"高而集中"的碑形原则。1952 年 4 月 29 日成立专门的兴建委员会，1952 年 8 月 1 日正式开工，建造期间，纪念碑的设计形式不断进行修改完善，1954 年 11 月 6 日，确定纪念碑的顶为"建筑顶"的形式（另外还有群像顶、攒尖顶的方案）。纪念碑于 1958 年 4 月 22 日建成，1958 年 5 月 1 日揭幕（图 1-7）。

人民英雄纪念碑是政治主题的纪念性景观，其造型既有传统碑体风格的特点，也借鉴了国外设计艺术，对传统进行了一定的突破，综合考虑环境等各种因素创作而成，是集体创作的结果，也是建筑、雕塑、书法等多种艺术的统一，具有很高的艺术成就。

12

图 1-7　人民英雄纪念碑

图片来源：作者拍摄

1.2　纪念性景观的属性

1.2.1　纪念性景观的社会属性

死亡并不是人从肉体上消失，也是活着的人们心中的问题。

——毕治国[1]

纪念性景观既是人的社会活动的结果，也能够反映出人的

---

❶　毕治国．死亡艺术 [M]．哈尔滨：黑龙江美术出版社，1996：181。

社会关系。

普通民众的坟墓大多是由亲属所修建,是家族关系的反映。古代帝王陵墓,是成千上万的人们劳役的产物,也能够反映出当时社会阶层的划分。

由政府主导修建的纪念性景观,如斯大林格勒保卫战纪念综合体、八一南昌起义纪念塔、莫斯科无名烈士墓(Tomb of the Unknown Soldier)等,都是培养集体荣誉感和凝聚力的重要场所,具有很强的社会属性。

斯大林格勒保卫战纪念综合体(图1-8),是为了纪念斯大林格勒(现名伏尔加格勒)保卫战的胜利及在保卫战中英勇牺牲的无数烈士而建,苏联政府在当年激战的斯大林格勒城市制高点——马马耶夫山冈建造一座纪念综合体,由雕塑家乌切基奇为主设计,建成于1967年,是世界上规模最大的以雕塑为主体的纪念性景观。

主雕《祖国——母亲》高52m,周围有组雕、浮雕、水池、画廊、展览大厅等,反映了人们宁死不屈,英勇抵抗敌人入侵的情景,具有很强的艺术感染力,是开展爱国主义教育的重要场所。

八一南昌起义纪念塔坐落在南昌市区中心的八一广场上,建于1977年,是为纪念"八一"起义五十周年而建(图1-9)。塔高45.5m。正北面是叶剑英题写的"八一南昌起义纪念塔"九个大字。纪念塔造型雄伟挺拔,与广场上的其他纪念性要素组成一个有机的整体,普及历史知识,宣传主流意识形态,是人们社会活动的产物。

图 1-8　斯大林格勒保卫战纪念综合体

图片来源：作者绘制

图 1-9　八一南昌起义纪念塔

图片来源：作者拍摄

1.2.2 纪念性景观的文化属性

纪念性景观联系着过去、现在和未来，它的产生依托历史事实，它的当下意义也立足于对历史的理解和分析。纪念性景观的产生源于社会群体或个人的怀念之情，并通过一定的具体形式来进行表达，因此其形式具备审美的条件和要求，既能够传达一定的情感、表明一定的态度，展现营造者的审美格调，又能够传播一定的历史知识，影响他人的观念，培养社会凝聚力，因此，纪念性景观具有明显的文化属性。

贝希斯敦石刻（Behistun Inscription，图 1-10），是美索不达米亚文明的遗迹，是波斯帝国皇帝大流士一世（Darius I the Great，公元前 558—前 486 年）为了颂扬和纪念自己的武功，让人用埃兰文、波斯文和阿卡德语的楔形文字三种语言，将其功绩铭刻在位于目前伊朗科尔曼沙汗省的一个悬崖上，并配以大型的浮雕，刻画着敌人被他征服的情景。贝希斯敦石刻上三种文字的比对，对破解楔形文字有着重要作用，整体景观展现出巨大的文化价值。

岳飞墓位于杭州西湖西北角，始建于公元 1221 年（南宋嘉定十四年），是为纪念南宋时期抗金英雄岳飞而建的总体布局包括忠烈祠区、岳飞墓园区和启忠祠区三大部分。忠烈庙内的岳飞塑像，上悬"还我河山"巨匾，为岳飞手迹。岳飞墓园在场地西侧，墓碑刻有"宋岳鄂王墓"字样（图 1-11），旁有其子岳云墓。墓前建有墓阙，阙前照壁上镌刻"尽忠报

图 1-10　贝希斯敦石刻

国"四字。墓道阶下有陷害岳飞的四个奸臣跪像，反剪双手，长跪于地(图 1-12)。岳飞墓在中华文化中有重要的文化价值，是儒家文化的代表性史迹之一，是宣扬中国传统忠孝文化的典范。

图 1-11　杭州岳飞墓

图片来源：作者拍摄

图 1-12　岳飞墓前秦桧夫妇的跪像

图片来源：作者拍摄

华盛顿纪念碑（Washington Monument，图 1-13）是为纪念美国首任总统乔治·华盛顿（George Washington，1732 年 2 月 22 日—1799 年 12 月 14 日）而建造的，位于美国首都华盛顿特区，东面是国会大厦，西部是林肯纪念堂（图 1-14），北面是白宫，南面是杰弗逊纪念堂。华盛顿是美国历史上非常重要的历史人物，作为开国元勋，被称为美国国父。他不仅领导了美国独立战争，而且

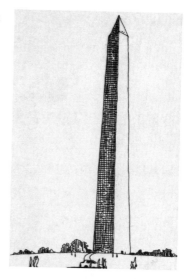

图 1-13　华盛顿纪念碑

图片来源：作者绘制

主持了制宪会议，制定了现在仍在实施的美国宪法以及许多持续至今的政策。他在两届任期结束后自愿放弃权力，不再谋求

图 1-14　林肯纪念堂

图片来源：作者绘制

连任，深受美国人们的爱戴。

华盛顿纪念碑由罗伯特·米尔斯（Robert Mills，1781—1855 年）设计，他的方案是一个圆形的有雕塑的建筑，中心竖立着一个方尖碑式的纪念碑。纪念碑于 1848 年开始建造，1854—1877 年由于缺乏资金、设计师米尔斯的去世、内战等因素而停摆。内战后，在新的建设方案中，圆形的建筑被取消，只建设一个方尖碑式的纪念碑。碑体工程于 1884 年完成，1885 年 2 月 22 日举办了庆祝竣工仪式，内部设施在 1888 年完成，并对公众开放。

华盛顿纪念碑，是用大理石、花岗石和片麻石的石块建造的。其平面呈正方形，底部宽 22.4m，高 169m。纪念碑内墙镶嵌着 194 块由私人、团体及全球各地捐赠的纪念石，193 块是纪念乔治·华盛顿，包括清政府所捐赠的，另一块是纪念最初建造纪念碑的工人们。

纪念碑内有 897 级台阶，目前也有电梯可以直达顶部附近的窗口，游人可以通过小窗眺望华盛顿全城、弗吉尼亚州、马里兰州和波托马克河。

纪念碑的四周是碧草如茵的大草坪，这里经常会举行集会和游行，是一个重要的政治和文化教育场所。

1.2.3 纪念性景观的空间属性

纪念性景观立基于土地之上，它占据一定的空间和场地，因此具有一定的空间属性，可从形体、轮廓、色彩、质感、虚实等各个方面和角度进行塑造，并演变出多种类型的纪念性景观形式：建筑物、构筑物、碑体、雕塑、花园、喷泉、石刻、遗址、广场等。

正是基于纪念性景观的空间属性，许多纪念性景观是围绕着空间塑造这一主题展开设计，如北京和平墙（图 1-15）起伏变化的外部空间、亚德·瓦谢姆纪念工程（Yad Vashem）中名字堂（The Hall of Names，图 1-16）的内部空间。

图 1-15 北京和平墙

图片来源：作者拍摄

北京和平墙位于北京市朝阳公园北部，是为纪念世界反法西斯战争胜利 60 周年而建。众多倾角不同的墙面组合成一个富于变化的空间，高昂的平台，有力的线条，依靠 60 级台阶转合连接而成，构成具有雕塑感的形象。墙体高低错落，以交错、倾斜、承接，表现压抑、延伸、求索，在一系列的下沉后，于最低处抬头看见天空，体现顽强和希望。最后部分，也就是通过长长的向上阶梯，到达一个开阔宽敞的平台，外围是一片水天一色的自然景色，在这里可以感受到当下生活的美好。整个空间再现了胜利过程的曲折和对和平的期盼，精心设计的外部空间富于变化。

图1-16 亚德·瓦谢姆纪念工程中的名字堂
图片来源：http：//www.yadvashem.org/visiting/photogallery
（亚德·瓦谢姆纪念工程官网，作者未署名）

亚德·瓦谢姆纪念工程在以色列耶路撒冷城的赫茨尔山（Mount Herzl）的西坡。赫茨尔山也被称为记忆的山，海拔804m，是耶路撒冷最高的山，是为纪念犹太复国主义的创始人西奥多·赫茨尔（Theodor Herzl，1860—1904年）而命名。

亚德·瓦谢姆纪念工程包括一个18hm^{2}的综合体，其中有大屠杀历史博物馆(Holocaust History Museum)、儿童纪念园、纪念大厅、大屠杀艺术作品博物馆、雕塑、户外纪念地诸如社区谷、一个犹太教堂、一个档案馆、一个图书馆、一个出版社、一个教育中心、大屠杀研究国际学校（学会）。此外，亚德·瓦谢姆纪念工程的一个核心目标是纪念那些在大屠杀期间承担巨大的个人风险，援救犹太人的非犹太人——尊称为"国际义人"(Righteous Among the Nations)，对这些国际义人有一个专门的纪念区域。

亚德·瓦谢姆纪念工程中的名字堂位于大屠杀历史博物馆的尽端，是一个 9m 高的锥体结构。其上面记录着大屠杀中受害者的姓名，倒置的锥体深深地插入耶路撒冷岩层之中，塑造了纪念效果强烈的内部空间。

无论是外部空间，还是内部空间，纪念性景观作为人文景观，是在一定的时空范围内表达纪念性，其空间属性十分明显。

1.3 纪念性景观的价值

纪念性景观具有政治、经济、文化等方面的价值。

1.3.1 纪念性景观的政治价值

在政治上，一个国家中重要纪念性景观是国家政治意志的体现。

在古代，一些帝王陵寝的修建要举全国的力量，花费数十年的时间来完成，规模巨大，用以体现皇权的地位，起到强化王权、维护统治地位的作用。

苏联在 1918 年 4 月 15 日，由列宁和斯大林共同签署《纪念碑宣传法令》❶，拆除沙皇时期的纪念碑，规划和建设新的纪念碑，以体现新诞生的社会主义社会的政治观点。第二次世界大战后，苏联为了纪念反法西斯卫国战争，曾计划在当年的西部防御线上建立一个纪念性景观体系，包括雕塑、纪念像、纪念碑、标志石、胜利公园、纪念林荫带、纪念林等上千件纪念物。❷

美国建立有国家纪念性景观体系（National Memorials of the United States），由国会命名了 30 多处国家级纪念性景观，大部分纳入了美国国家公园管理局（National Park Service），统一进行管理，对美国历史上重要的人物和事件进行宣传和纪念，传播美国的主流价值观念和政治理念。美国政府为此还进行了美国首都纪念性景观和博物馆规划（National Capital Memorials and Museums Master Plan），用以指导新的纪念性景观和博物馆的选点，指导未来纪念工程和文化设施的发展及其环境的提升。

这些国家行为的原因，都是源于纪念性景观所具有的重大政治价值。

---

❶ 董斗斗.《纪念碑宣传法令》影响下的苏联城市雕塑［J］.艺术百家. 2009（6）: 273-274。

❷ 边翼.苏联城市雕塑一角［J］.城市规划, 1983（2）: 39-43。

纪念性景观也是政治活动的重要场所，各国元首的国事访问，向无名英雄墓或纪念碑敬献花圈也常常是一个重要的政治环节。1970年12月7日，原联邦德国总理维利·勃兰特（Willy Brandt，1913—1992年）向华沙犹太人死难者纪念碑敬献花圈时，跪在了湿漉漉的地面上，表达出德国对待第二次世界大战历史的认罪服罪态度，传达出强烈的政治观点，赢得了世界人民的尊重（图1-17）。

图1-17　原联邦德国总理维利·勃兰特在华沙犹太人死难者纪念碑前下跪

1.3.2　纪念性景观的经济价值

在经济上，那些重要的纪念性景观大都是良好的旅游资源，能够创造经济效益。各国的国家级纪念性景观，不仅是重要的政治场所，也是人们旅游参观的重要目的地。美国的华盛顿纪念核心区域、俄罗斯莫斯科的红场（Red Square）、我国的天安门广场、德国勃兰登堡门（图 1-18）等莫不如此。多年来欧洲各国之所以能成为吸引旅游的目的地，离不开那些著名的教堂、文化遗迹以及其他纪念性景观的吸引力。

图 1-18　德国勃兰登堡门是著名的旅游景点

图片来源：作者绘制

2004 年，中共中央办公厅、国务院办公厅印发《2004—2010 年全国红色旅游发展规划纲要》，要重点打造 100 个左右的"红色旅游经典景区"，2011 年国家再次颁布《2011—2015 年全国红色旅游发展规划纲要》，以对纪念性景观的挖掘、建设、整理、保护、展示和宣讲，来推动爱国主义宣传和促进精神文明建设，这些都推动了红色旅游经济的发展。我国众多的革命老区，有许多纪念意义强烈的历史景观，当地的经济收入与这些历史景观和红色旅游都有着密切的关系（图 1-19）。

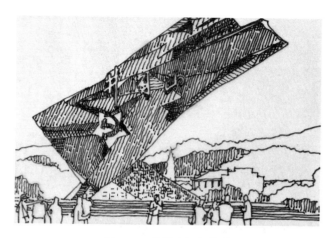

图 1-19　井冈山红色旅游

图片来源：作者绘制

1.3.3　纪念性景观的文化价值

文化上，纪念性景观具有潜移默化的教育功能，能够普及历史知识，提升道德素养，深化美学熏陶，促进社会整体文化水平的提升。

以色列耶路撒冷的"哭墙"（Wailing Wall，图 1-20），也称西墙（Western Wall），它在历史上仅仅是耶路撒冷旧城古代犹太国第二圣殿护墙的一段，也是第二圣殿护墙的仅存遗址，但由于其是犹太民族苦难历史的见证，所以文化意义十分重大，成了犹太教的圣地。它不仅是旅游胜地，也是犹太教徒进行祷告，哭诉流亡之苦的地方，是以色列开展历史教育，培养民族凝聚力的重要场所。

图 1-20 以色列哭墙

图片来源：作者绘制

人们在不同的历史阶段，对于世界和自身的认识状况也是不同的，所以在历史的不同阶段，纪念性景观反映的文化是不同的，其文化价值也是不同的。

在美索不达米亚文明遗物纳拉姆辛胜利石碑（Victory Stele of Naram-Sin，图 1-21）中所描绘的场景，反映出那个时代的神话文化背景以及人们的神话世界观。石碑记载着在约公元前 2230 年的场面：身材高大的阿卡德帝国的国王纳拉姆辛（Naram-Sin，公元前 2254—前 2218 年在位）位于画面的中心，站立在山上，头戴王冠，手持弓箭，率领着士兵向着山顶行进。士兵们抬着头，注视着自己的国王；他们的对面是跪倒求饶的敌人，有的已经中枪倒下。国王高大的身形和身上的装束，以及头顶的太阳图案，

图 1-21　纳拉姆辛胜利石碑

图片来源：https：//www.ancient.eu/
image/356/（photo by Jan van der
Crabben）

图 1-22　沙尔马尼德三世的黑色方尖碑

图片来源：http：//www.ancientpages.com/wp-
content/uploads/2016/12/blackobelisk3.jpg

表达着国王的神圣地位。石碑歌颂着国王的功绩，也表达着那个时代的文化价值取向。

在亚述王沙尔马尼德三世的黑色方尖碑（Black Obelisk of Shalmaneser III，图 1-22）中，有着相似的内容。这是公元前830 年亚述王沙尔马尼德三世（Shalmaneser Ⅲ，公元前 858—前 824 年在位）在首都宁鲁德（Nimrud，现伊拉克城市摩苏尔附近）的广场中所竖立的纪念碑，高 198cm，目前保存在英国伦敦大英博物馆。在这块碑体上，用楔形文字记录了亚述王征讨邻近诸邦的种种情形。每一面皆分 5 段，以浅浮雕的形式描绘当时的状况，浅浮雕图案中有一部分，表现的是沙尔马尼德三世接受被征服者进贡的场景，沙尔马尼德三世的头顶前方有代表神明的造型图案，表达出国王的神圣地位，一定程度上反映着那个时代的神话意识和主流的价值观念。

纪念性景观发展、演变的历程中，所处的文化环境也是在不断发展变化之中，因此，纪念性景观的文化价值，也是一个动态的过程，随着文化环境的改变，其文化价值也存在转变的可能。

第 2 章

纪念性景观的文化属性

2.1 文化的概念

认识你自己。

——苏格拉底

《辞海》对"文化"的定义为:"广义指人类在社会实践过程中所获得的物质、精神的生产能力和创造的物质、精神财富的总和。狭义指精神生产能力和精神产品,包括一切社会意识形式:自然科学、技术科学、社会意识形态。有时又专指教育、科学、文学、艺术、卫生、体育等方面的知识与设施。作为一种历史现象,文化的发展有历史继承性。不同民族、不同地域的文化又形成了人类文化的多样性。作为社会意识形态的文化,是一定社会的政治和经济的反映,同时又给予一定社会的政治和经济以巨大的影响。"❶

卡西尔认为可以以人类文化为依据对"人"进行定义,他在《人论》一书中这样写道:"作为一个整体的人类文化,可以被称之为人不断自我解放的历程。"❷ 他认为对人类文化的研究,是对人的研究的切入点,一种人的哲学,也就必然是一种文化哲学。在卡西尔看来,人的"具体的、能动的创造活动本

---

❶ 夏征农,陈至立主编.辞海〔第六版彩图本〕4[M].上海:上海辞书出版社,2009:2379。

❷ (德)恩斯特·卡西尔.人论 [M].甘阳译.上海:上海译文出版社,1985:288。

身……产生出一切文化，同时又塑造了人之为人的东西，人的本质与文化本质，只是以这种能动的创造性活动为中介，为媒介，才得以结合在一起。" ❶

沈福煦先生在《现代西方文化史概论》一书中认为："从原始社会直到现代社会，人的一切实实在在的活动，以及由这些活动创造出来的人工之物，都属于文化（内涵），因此文化不是观念。……文化本身又不是人的活动本身，如穿衣、吃饭、住房子、行路等等，本身就是各种生活而不是文化，……"他认为："文化首先应当与人联系起来，并且与文明联系起来，也许可以认为，文化含有这样的一种意义：它是一种能使人感觉到的对象，是人类文明在进步的尺度上的外化……文明只是一种结构，这种结构是进步着的，但感觉不到，要用文化（对象物）来外化、表述。" ❷

总体来讲，文化活动包含了两方面的内容：

（1）人对自然界进行有意识、有目的的改造。

（2）人对自己的成员进行"教育""训练"和"培养"，使"人"脱离野蛮、粗俗和愚昧，从而成为有文明、文雅、掌握知识的人。

文化的前提是人的存在。同时，文化是与人类的文明（即自我解放）结合在一起的，文化是对人类文明进程的反映。神话、宗教、语言、艺术、历史、科学构成文化的整体。

---

❶ （德）恩斯特·卡西尔. 人论 [M]. 甘阳译. 上海：上海译文出版社，1985：7。

❷ 沈福煦. 现代西方文化史概论 [M]. 上海：同济大学出版社，1997：2。

文化的环境和基础是自然世界，文化活动就是人对自然世界在改造和适应的过程中留下文化符号的活动。

在纪念性的文化活动中，只有"人"的活动才使"纪念"这一概念具有意义，所以，纪念性景观的先决条件是"人"的"纪念"活动，是"人"的活动使"景观"具有了"纪念"的文化意义。

苏东坡在游览赤壁这一具有历史意义和纪念意义的历史遗迹时，借与他人之问答，发出"哀吾生之须臾，羡长江之无穷，挟飞仙以遨游，抱明月以长终，知不可乎骤得，托遗响于悲风"❶的感叹，表达一种怀古伤今的人生态度，产生对人生和自我的深刻理解。这种"认识自我"的作用正是纪念性的"文化"活动所具有的文化功能的体现。

纪念活动的文化含义是丰富且充满变化，所以，对纪念性景观的分析与研究，还要不囿于空间形态的领域，而应从更广阔的文化视角予以审视，才能使我们能更加全面地认识、理解纪念性景观，从而使纪念性景观设计的实践能够立基于一个更加坚实的基础。

2.2　纪念性景观是一种人类文化产品

文化世界是一个人类所创造的世界。在人类的社会生活中，各种现象都与文化相联系，人类创造的事物均可被看作是一种

---

❶　苏东坡《前赤壁赋》引自：李之亮注译. 唐宋名家文集：苏轼集 [M]. 郑州：中州古籍出版社，2010：17。

文化现象，纪念性景观也不例外。

2.2.1 纪念性景观的营造和形成，具有使自然"文化"的特性

　　纪念性景观的形成，表明了人类有目的的活动，具有使自然"文化"的特性，其景观承载了一定的文化含义。

　　处在历史长河中的纪念性景观，大都可以从中解读出的文化意蕴，找到其文化的意义，其承载的文化含义，是人类文化活动的"物"的见证。

　　巴内内茨巨石古墓（Barnenez Tumulus，图 2-1）位于法国布列塔尼地区（Brittany），长 72m，宽 25m，高 8m，是新石器时代的纪念性坟墓，建造于公元前 4500 年，墓穴中有许多图案和符号，是研究新石器时代文化的重要历史遗迹。

　　这种巨石墓是一种醒目的标志，从效果看，能显示出对领地的控制权，其大小还能显示出群落的人力资源情况和进行建筑活动的能力，是了解当时社会状况的重要参考。

图 2-1　巴内内茨巨石古墓

图片来源：作者绘制

在时间的长河中，人类活动的痕迹以及营造的景观，既具有一定的纪念意义，也是人类的文化产品的组成部分，被后世所认识、解读，感受其中的文化内涵，其文化意义不断显现。

杭州西泠印社缶亭景观（图 2-2），是在一个石壁上雕琢

图 2-2　杭州西泠印社缶亭景观

图片来源：作者拍摄

出一个石龛，内置著名书画艺术家吴昌硕造像。景观因吴昌硕而成，也成为纪念吴昌硕的一个重要景观，石龛两侧的楹联"金仙阅世，石室遁形"，赞美了艺术家甘于清贫，不图功名利禄，退隐潜修金石书画的精神，成为中国传统书画艺术的一个精神圣地。这种景观，是中国文化作用于自然而形成的结果。

2.2.2 纪念性景观反映着人对自然、社会和自身的认识状况

纪念性景观所具有的文化品质，反映着人对自然、社会和自身的认识状况。

古埃及金字塔（The Ancient Egyptian Pyramid）的营造，首先反映了当时人们的生死观念以及对永生的追求。在知识有限的时代，人对死亡充满了恐惧感，普遍期待长生不老，古埃及人也是如此。据古希腊历史学家希罗多德记载，古埃及人认为：人类的灵魂是不朽的，在肉体死去的时候，人的灵魂便进入到当时正在生下的其他生物里面去；而在经过陆、海、空三界的一切生物之后，这灵魂便再一次投生到人体里面来。这整个的一次循环要在三千年中间完成。[1]

"……要不朽就要他的肉体不死，至少以模型的形式，再现他生前在尘世间的形象和生活情景，这样，当他的灵魂结束了蜕生为动物的尘世漫游之后，他的躯体和坟墓是永恒的家，

---

❶ 希罗多德. 历史 [M]. 王以铸译. 北京: 商务印书馆.1959: 193。

仍在等待着他去居住。因此，墓穴的门及洞穴式的窗户总敞开着，方便灵魂自由出入墓室以照看和保护他的躯体。" ❶

胡夫金字塔（Khufu Pyramid，图 2-3）的墓室的南北两侧，有两条通气口通达塔身外面。这两条气口，一条对准天龙座，代表永生；一条对准猎户座，代表复活。❷ 这样做正是基于灵魂出入的原因。

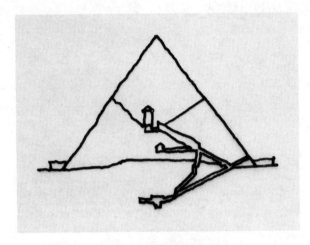

图 2-3　胡夫金字塔断面

图片来源：作者绘制

另外，金字塔的形制还反映着古埃及人的太阳神崇拜，在古埃及人心目中，太阳神被尊为万神之王。角锥体的金字

❶ （英）帕瑞克·纽金斯．世界建筑艺术史 [M]．顾梦潮，张百平译．合肥：安徽科学技术出版社，1990：33-34。

❷ 葛晓燕编著．再现世界历史·古埃及历史与文明 [M]．济南：山东科学技术出版社，2017：8。

塔形式象征着太阳光芒，表达了古埃及人对太阳神的崇拜，而方尖碑顶部的角锥体形状也有着同样的意义。

古埃及人的历史已经远离我们，作为从事文化活动的现代人，对古埃及人的许多了解，也正是通过他们的纪念活动和他们所营造的纪念性景观这一文化产物而获得的。

康斯坦丁·布

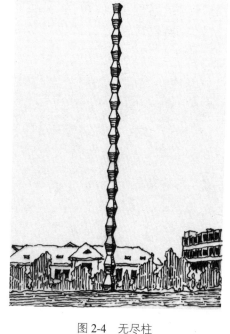

图 2-4　无尽柱
图片来源：作者绘制

朗库西（Constantin Brancusi，1876 年 2 月 19 日—1957 年 3 月 16 日）的雕塑作品无尽柱（Endless Column，图 2-4），位于罗马尼亚南部城市特尔古日乌（Târgu Jiu），既是为纪念第一次世界大战中罗马尼亚士兵而建，也包含着作者对事物本质的探索和思考。无尽柱总高 29.3m，由六边形的单元体，不断反转重复向上延伸，形成一种向上的姿态。无尽柱探讨了单元体与单元系列之间的关系，表达一种向往永恒、向往高远、向往无穷、不断探索的文化态度。

2.2.3 纪念性景观可为现实世界的人提供"文化教育"

纪念性景观的营造具有文化的价值取向，可为现实世界的人提供"文化教育"。

童寯先生对纪念建筑就有这样的论述："纪念建筑……顾名思义，其使命是联系历史上某人某事，把消息传到群众，俾铭刻于心，永矢勿忘……用冥顽不灵金石，取得动人情感效果……" ❶

在古罗马时代，英雄崇拜是一个典型的文化特征，罗马城的恺撒广场（Forum of Caesar）、奥古斯都广场（Forum of Augustus）、图拉真广场（Forum of Trajan），都是为纪念当时罗马共和国和罗马帝国的皇帝而建。这

图 2-5 图拉真纪功柱

图片来源: 作者绘制

---

❶ 童寯. 外国纪念建筑史话 [M]// 《建筑师》编辑部编. 建筑师（5）. 北京: 中国建筑工业出版社，1981: 183。

40

些广场是对帝王进行个人英雄主义崇拜的场所，宣传教育的意图十分明显。

图拉真纪功柱（Trajan's Column，图2-5）位于罗马图拉真广场中央，记述的是罗马皇帝图拉真（Trajan，公元53—117年）对达契亚（Dacia）人发动的战争，战争在公元106年结束。

图拉真纪功柱建成于公元113年，上面的浮雕记述了图拉真亲自率军征服达契亚人的场景。纪功柱以浅浮雕形式，螺旋式上升的画面，表现征战的全过程。浮雕逐步描绘了行军、驻营、攻战、捕俘、祭献等一系列过程，全部浮雕共有2500个人物，十分壮观。歌功颂德，宣传皇帝的丰功伟绩是其主要的文化目的。

莫斯科的无名烈士墓（图2-6）为纪念在苏联卫国战争中

图 2-6　莫斯科无名烈士墓

图片来源：作者绘制

41

牺牲的军人而修建，纪念碑原来是修建在埋葬一名无名烈士骨灰的地方。1966年，德国法西斯军队在莫斯科郊外遭遇惨败25周年之际，这名士兵的骨灰被迁至克里姆林宫红墙外。一颗铜制五星的中央燃烧着象征光荣的长明火。

无名烈士墓花岗石平台上刻着这样的字句："你的名字无人知晓，你的功勋永垂不朽"。无名烈士墓的右边沿着克里姆林宫墙立着一排石碑，下面存放着装有从各个英雄城市收集来的泥土。每块石碑上都刻着城市的名字和模压的金星勋章图案。

莫斯科无名烈士墓纪念民族英雄，具有良好的爱国主义教育功能。

天安门广场作为中国的政治中心，人民英雄纪念碑和毛主席纪念堂（图2-7）的建造，使这一广场具有很强的纪念意义，能起到重要的政治、文化宣传作用。

图2-7　人民英雄纪念碑和毛主席纪念堂远眺

图片来源：作者拍摄

纪念性景观的存在表明了"人"的存在，是人与现实世界共同作用的结果。

2.3　纪念性景观所反映的人类文化形态

文化是文明的外化，文化的本质是人的存在及其活动。人类的文化活动形成了以下几个文化形态：神话、宗教、世俗、家园。

纪念性景观在不同的时期，分别反映了以上几种文化形态。

2.3.1　纪念性景观中所反映的神话文化形态

每个民族都有流传的神话故事，这些故事有些看似是荒诞不经的，但有许多神话却是远古人们在思考与探索自然的过程中，结合自己的想象力所产生的。历史研究者能从这些人类早期的历史文献中发现许多关于远古人类的生存故事，它们记录了远古时期人类的生活。

这些人类早期的历史文献是由虚构的神话和历史的真实混合在一起的，人们只能凭借神话，才能对那些令他们迷惑不解的现象和事物得出一种自圆其说的解释。由于文字还没有形成，或不成熟，人们回溯历史时，只有那些口耳相传的神话传说故事，代代相传下来。作为后来者的我们，通过神话这种"文献"，才能够推断和了解人类文化在史前的情况。这是一个相当漫长的时期，这个文化时代被称作"神话"时代。

在这样一个时代中，人努力将自己与世界区分，但又不能十分容易地区分清楚。原始人意识的形成，其过程经历了世界混沌观念到人、物区分的观念的转变，从没有"自我"发展到人与物的混同。这样，就在人类的文化符号中出现了兽人形象、人与动物以及动物与动物之间的相互变形、视觉双关的类型合体等形象。兽人形象的代表如古埃及胡夫金字塔旁的狮身人面像（The Great Sphinx of Giza，图2-8），高22m，长57m。

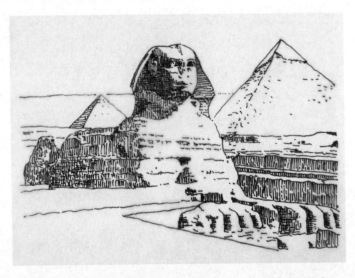

图 2-8　胡夫金字塔旁的狮身人面像是兽人形象的典型代表

图片来源：作者绘制

在人类的早期，人们认为世界上有一种强大的异己力量，就是"神"，由于它的强大，人们必须崇拜它。"神"被理解为强大威严，"人"在"神"前就是弱小和敬畏。由此，在原始人的文化意识中，出现了"神圣"意识。"崇高"和"伟大"这些意识开始根植于人们的思想，并且影响着人们的社会生活，其中也包含了纪念性景观的营造。比如金字塔以庞大的体量表现法老的神圣，因为法老是神在地上和人间的代理人和化身，每一个接触它的人都应感到渺小，产生敬畏感，在法老的统治前臣服。

从神话时代就已经出现的英雄，由于他们为集体所做出的突出贡献，他们显得也具有了和神一样的力量，英雄同样也受到神式的崇拜，同样具有"神圣""崇高""伟大"的特点。

英雄的"神化"自古至今都不同程度地存在着，如古希腊神话中的普罗米修斯为人间盗火，其原型可追溯到早期人类对"火"的应用，人们对最早用火的先人怀有神秘感和神圣感，并且形成神话得以传播。

在中国，孔子（图2-9）、关羽这些历史著名人物也都曾被当作"圣人"来崇拜和纪念。

古代世界七大奇迹之一的

图2-9　岳麓书院孔子像
图片来源：作者拍摄

罗德岛太阳神像，是希腊太阳神赫利俄斯（Helios）的青铜铸像。据一些文献记载，这座巨像建在罗德岛港口的入口处，公元前282年完工。是纪念罗德岛人保卫领土，取得胜利的纪念性景观。

公元前305年，马其顿（Macedonia）的德米特里带领4万军队包围了港口。经过艰苦的战争，罗德岛人击败了侵略者。为了庆祝这次胜利，他们决定用敌人遗弃的青铜兵器修建一座雕像，历时12年终于建成。56年后，雕像毁于公元前226年的一次地震中，由于其存在时间短，历史资料稀缺，人们对它的具体情况还知之有限，一种说法是其高30多米，船只可以从其两腿之间的水面穿过。罗德岛太阳神像巨大的造型反映出古希腊时期雕塑艺术的成就，也反映出古希腊时期纪念性景观的神话英雄情结。

涅瑞伊得纪念堂（Nereid Monument，图2-10），建于公元前4世纪早期（公元前390—前370年）是一个希腊神庙式的建筑样式。原建筑位于靠近现土耳其穆拉省（Mugla Province）的费特希耶（Fethiye），被认为是统治了利西亚王国的阿比纳斯（Arbinas，约公元前390—前370年执政）的坟墓，现存于英国伦敦大英博物馆。涅瑞伊得纪念堂分为两层，上层为一个爱奥尼亚式神庙，下层是一个高台，高台的侧面有表现战争与狩猎的英雄气概的主题浮雕，整个纪念堂展现出高大、神圣的特点。

被古希腊人列为另一世界七大奇迹之一的摩索拉斯陵墓（Mausoleum of Maussollos，又译毛索洛斯墓庙），是古代小亚细亚半岛上哈利卡纳苏国王的陵墓，位于土耳其西南的博德鲁姆（Bodrum），大约建造于公元前353—前350年。

图 2-10　涅瑞伊得纪念堂（大英博物馆）

图片来源：作者绘制

哈利卡纳苏是希腊城邦国家，公元前4世纪由波斯人保护，但深受古希腊文化的影响。国王摩索拉斯死后，王后阿蒂密斯（Artemisia）大兴土木，为她的丈夫和自己营建了这座陵墓。

摩索拉斯陵墓高45m，基室呈长方形，平面尺寸大约是

40m×30m，高耸的台基上建有古希腊爱奥尼亚柱式的神殿建筑。在金字塔式的屋顶上有国王和王后乘车的雕像，柱廊之间和基座四周饰有各种雕刻，壮观雄伟。

12～15世纪系列的地震以及一些人为因素摧毁了这座陵墓。自从19世纪开始，人们对摩索拉斯陵墓进行考古学的挖掘，获得了不少有关摩索拉斯陵墓的资料。

这种神殿式的纪念建筑在建筑史上影响深远，直到20世纪的一些纪念建筑中还有类似的造型出现，如林肯纪念堂（建于1914—1922年）这样著名的纪念性建筑。澳大利亚墨尔本的战争纪念馆（Shrine of Remembrance）、纽约的格兰特墓（Grant's Tomb）、美国匹兹堡的士兵水手纪念馆（Soldiers and Sailors Memorial Hall and Museum）、南非的光荣的阵亡者纪念堂（Honoured Dead Memorial，建成于1904年）等也有类似神殿式纪念建筑的特点，是英雄被神化这一文化现象持续产生影响的结果。

2.3.2　纪念性景观中所反映的宗教文化形态

凡有文化必有宗教……尽管文化对于宗教的需要完全是派生的、间接的，但归根结底宗教却根植于人类的基本需要，以及满足这些需要的文化形式。

——马林诺夫斯基❶

❶　引自：张志刚 . 宗教学是什么 [M]. 北京：北京大学出版社，2016：23。

人的神话意识是不断发展进化的，最终形成单一的人格神，从而使文化进入一个新的历史阶段——宗教，人们产生了宗教意识。

宗教意识是人把外部世界的力量人格化的一种意识，它包含三方面的内容：

（1）神。神是世界的基础，世界的本原，世界的创造者，万物的归宿。基督教的"上帝"，中国儒家思想的"天"，就是这种"神"的文化形态。

（2）神同人与万物所组成的世俗的世界之间的中介，是神在人间的代表。基督教的耶稣和中国的"真命天子"就是这样的宗教功能角色。

（3）宗教社团，即以宗教意识为精神基础的社会组织结构，如中世纪欧洲以教皇为最高领袖的教区组织，包括基督教会和教堂。❶

在宗教意识作用下，由于人是神所创造，神处在至高无上的地位，因此基督教的纪念活动及墓地一般与神性场所——教堂密切相关，帝王和名人会受到埋葬在教堂内的待遇，并且棺椁豪华，富于装饰，而普通民众则会按照财富和身份等级，以距离教堂的远近为标准，埋在教堂附近的墓地里。神、教堂是葬礼和纪念的核心，后人的宗教活动也就包含了纪念和祈福的意味。

美第奇家庙（Medici Chapel，图 2-11）就是一个宗教主题

---

❶ 李鹏程. 当代文化哲学沉思 [M]. 北京：人民出版社.1994：122。

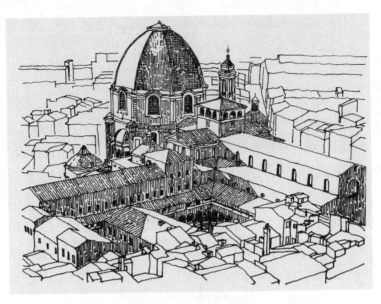

图 2-11　美第奇家庙鸟瞰

图片来源: 作者绘制

的纪念性教堂，建于 16 ～ 17 世纪，这个建筑综合体包括 1 个教堂，2 个附属建筑，是美第奇家族的墓地。在新圣器安置所的建筑（米开朗琪罗设计）中有罗伦佐·美第奇石棺（Tomb of Giuliano di Lorenzo de' Medici ），石棺上方左右两个雕塑是米开朗琪罗著名的灵柩雕像《夜》和《昼》(Night and Day，图 2-12)。

美第奇家庙被分作三部分: 教堂地下室、王子教堂、新圣器安置所。教堂地下室是这个王朝年龄小的成员安息之地，包括众多的墓碑。王子教堂有一个巨大的穹顶，被认为是美第奇丰功伟绩的纪念碑，建筑的建设开始于 1604 年，但直到 20 世

图 2-12　洛伦佐·美第奇墓，棺木上是米开朗琪罗著名的灵柩雕像
《夜》和《昼》

纪也没有完成。6 个美第奇大主教的遗体被安置在这里。

　　新圣器安置所是由米开朗琪罗设计。里面有米开朗琪罗设计制作的洛伦佐和朱良诺公爵石棺，雕塑《夜》与《昼》、《晨》与《暮》放置在这两个伟人的石棺上方，《夜》这个雕像被认为是米开朗琪罗的最佳作品之一。

　　米开朗琪罗的遗体被安置在佛罗伦萨圣十字大教堂

（Basilica of Santa Croce）中，这个大教堂也是意大利的名人堂，许多著名人物埋葬在这里。

意大利米兰大教堂（Duomo di Milano，或 Milan Cathedral）中，埋葬了许多著名的神父，教堂大厅供奉着 15 世纪时米兰大主教的遗体，头部是白银筑就，躯体是主教真身。

英国伦敦威斯敏斯特教堂（Westminster Abbey）除了作为礼拜堂和英王加冕的场所，还是英国国王的墓地，英国历史上 20 多位国王埋葬在这个教堂里。

教堂景观所表现出的强烈的纪念性，与基督教的教义也有着密切的关系，是宗教意识、宗教文化形态的反映。

宗教意识和宗教的发展，还形成了一些独特的宗教符号，十字架就是一个典型。

十字架在古罗马时代是一个刑具，耶稣就是被钉死在十字架上的。但按照圣经的记载，耶稣之后复活，完成了上帝救赎人类的计划，从而使十字架转变出新的意义，被当作光荣和拯救的象征，也成为基督教的标志性符号，被广泛应用于基督教的相关纪念性景观中，如教堂、坟墓。

十字架的纪念性反映出基督教的巨大影响力，在基督教主导的欧洲地区，随处可见的田野中的十字架墓碑也是一个明显的印证。这种影响力随着宗教活动的发展，也一直在持续进行中。

索姆河战役失踪者蒂耶普瓦勒纪念碑（Thiepval Memorial to the Missing of the Somme，图 2-13），建于 1928—1932 年之间，位于法国北部皮卡第（Picardie）地区靠近蒂耶普瓦勒的一个地方，是一个为纪念在第一次世界大战期间索姆河战役中失踪的、未确定身份的、没有已知坟墓的 7 万多名英国及英联邦士兵而建，同时也纪念英法联合作战。设计师为建筑师埃德温·勒琴斯爵士（又译路特恩斯，Sir Edwin Lutyens，1869—1944 年）。

图 2-13　蒂耶普瓦勒纪念碑中的十字架景观
图片来源：作者绘制

蒂耶普瓦勒纪念碑除了纪念主体建筑造型外，还包含一个墓园，300 名英联邦士兵和 300 名法国士兵的墓园位于纪念碑的脚下，埋在这里的士兵很多是无名的。英联邦士兵的墓碑是方形的，由白色石头组成，上面刻写着："伟大战争中的一个士兵，上帝与你同在"（A Soldier of the Great War/ Known unto God）。法国士兵的墓碑是灰色的，都是十字架形，上面刻写着：

"无名"（Inconnu[法文]）。

墓园还有一个较大的十字架，上面铭文为：

"这个世界会记住这 250 万牺牲者，这里以永久的友谊肩并肩躺着法国和大英帝国的士兵。"（That the world may remember the common sacrifice of two and a half million dead，here have been laid side by side Soldiers of France and of the British Empire in eternal comradeship.）

在中国，墓地的选址受风水观念的影响，仍是类似宗教意识的产物，期待能够通过选址受到"天"的护佑，给来生和子孙带来福祉。而对皇帝的纪念就表现出人的道德楷模和神格共有的纪念方式，皇帝作为"天之子"，具有神性的特点，人们相信陵墓的选址和建造，与王朝的安危和兴衰相关。

定陵（明万历皇帝墓，图 2-14）的选址就经过万历皇帝的亲自踏勘，动用各方力量进行过复杂的卜选程序。在定陵的建造过程中，正殿举行上梁仪式后，首辅申时行给万历的祝词："爰诹升栋之辰，适应小春之候。先期则风和日暖，临时则月朗星辉。臣工忭舞以扬休，民庶欢呼而趋事。"❶（时万历年仅 23 岁左右，距他去世尚有 30 余年的时光）从这一活动中可以看出社会对皇帝的道德期望，并将皇帝的陵墓、修为与国家的吉祥联系在一起。

---

❶ 黄任宇 . 万历十五年 [M]. 北京：生活·读书·新知三联书店，1997：134。

图 2-14　定陵大门

图片来源: 作者拍摄

2.3.3　纪念性景观中所反映的"世俗"文化形态

　　欧洲 16 世纪开始的宗教改革运动，提出宗教意识与教会实体应截然分开，凡人可以直接通神的观点，文艺复兴运动，打起古典主义的旗帜，反对宗教（教会）对人的愚弄、欺骗、压迫和剥削。这导致对"神圣意识"的人间代表——教会的某种程度的否定，并倡导把神圣意识转变为人"自身的意识"。于是文化世界就发生了根本性的变化:以上帝（神）为中心的世界图景转化为以人为中心的世界图景。

　　（1）人们认识到宗教是人"理智"的"迷误"，从而抛弃宗教意识，而把理性当作人的意识的本质。笛卡尔说"我思故我在"，"自我"成为文化世界的中心，而理性成为文化世界的本质。

（2）物质世界作为外部世界，不再被看作是神安排和管理的世界，而被看作应该并且可以被人管理和征服的对象。❶

（3）在理性得到张扬的同时，个人意识开始觉醒，在研究世界的同时，对人自身的研究和认识也开始发端。这样，就形成近代以来西方的人文主义世界观和科学主义世界观。

在这两种世界观的作用下，人类的文化世界发生了天翻地覆的变化。人文领域和科学领域都向前迈出了巨大的步伐。在这样一个文化环境下，纪念性景观的营造也表达出这样一种文化特点。

美国的圣路易斯市大拱门（Gateway Arch），又名杰弗逊国家西部开发纪念碑（Jefferson National Expansion Memorial），高192m，以现代结构和现代技术来表现和纪念对美国西部开发，强调科技的进步和人类理性的力量（图2-15）。

位于美国弗吉尼亚州诺福克市汤波因特公园（Town Point Park）的"武装力量纪念广场"（Armed Forces Memorial in Norfolk，图2-16）上，放置了20个铜板制作的"信件"，铜板上刻写着士兵写给爱人的信，信件由薄薄的铜板铸造，散落一地，仿佛是风把它们吹了起来，把他们带到了这里。信件选自美国历史上重要战争期间的士兵信件。通过这些信件向世界

❶ 参阅：李鹏程．当代文化哲学沉思 [M]．北京：人民出版社．1994：128-131。

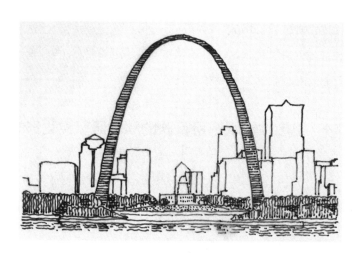

图 2-15　美国圣路易斯市大拱门

图片来源：作者绘制

图 2-16　武装力量纪念广场上"散落"的"信件"

图片来源：作者绘制

说明，战争是不公平的，战争可以是地狱。这个纪念性景观反映出人文主义思潮下，生命价值的可贵和战争的残酷，表达出人文主义的态度和对和平的向往。

2.3.4 纪念性景观中所反映的"家园"文化形态

从文艺复兴、宗教改革和启蒙运动以来，西方的人文意识和科学意识得到了充分发展。但到了 20 世纪，人们也发现，科学技术在进步的同时，也给人类的生存带来众多危机，使人们开始重新认识人与自然的关系，以人为中心的世界观受到挑战，人的"主体性"受到质疑，人是否是自然世界的主人？人们开始更多地自我反思，由此形成当今的"家园文化"，其主要特点就是追求人与自然的和谐关系。

这一文化趋向，在人居领域，表现为生态主义的兴起，设计注重生态效益，注重环境的整体性。

在纪念性景观这一文化主题上，将环境（而非高大的标志性建筑）置于设计和营造的首位，已经逐渐成为一种新的趋势。

罗斯福纪念园（Franklin Delano Roosevelt Memorial）由高大的碑体方案到实施的由低矮的墙体组成的开敞景观，表现出环境意识深入人心（图 2-17~ 图 2-19）。

罗斯福纪念园是为纪念美国前总统富兰克林·德兰诺·罗斯福（Franklin Delano Roosevelt，1882—1945 年）而建。罗斯福是美国乃至世界历史上最有影响的总统之一，曾连续四届当选美国总统（ 1933—1945 年在职），并领导了第二次世界

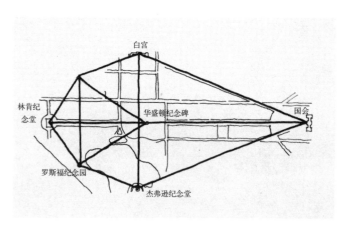

图 2-17　罗斯福纪念园所处节点位置

图片来源: 作者绘制

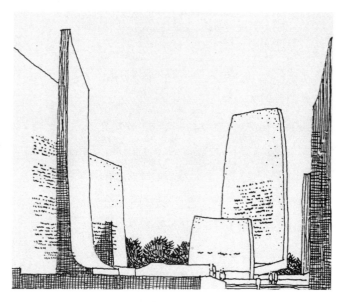

图 2-18　罗斯福纪念园原碑式一等奖获奖方案

图片来源: 作者编绘

59

图 2-19　罗斯福纪念园第三个空间

图片来源：作者绘制

大战中对法西斯的斗争，为美国的强盛和世界反法西斯战争做出了巨大的贡献。

美国国会在 20 世纪 50 年代就提议修建罗斯福纪念物，选址在华盛顿纪念核心区域，位于 1901 年麦克米兰规划的一个节点上（图 2-17），罗斯福纪念物是第四个在麦克米兰节点上修建的总统纪念物，周围是林肯纪念堂、杰弗逊纪念堂（Jefferson Memorial）、华盛顿纪念碑，这些纪念物都是古典式建筑，连同附近的国会和白宫，已成为华盛顿国家公园的视觉控制点和主流语言，所以拟建的罗斯福纪念物的建造形式，曾成为一个引起激烈争论的问题。

在 1959 年组织的一次设计竞赛中，选中了一个方案评为头奖（图 2-18），这个方案造型新颖别致，由 8 片高耸的由混凝土制成、花岗石贴面而成的像书页一般的纪念碑，最高的纪念碑高约 50m，在这 8 片纪念碑上分别刻录着罗斯福总统一生著名的演讲片段和他的语录。该方案的形式新颖简练，但是方案被公布后，在媒体上引起了轩然大波，有些评论家认为该方案与整个周围古典式的建筑氛围不相融洽，经过两年的争论，方案没有了结果。后续还聘请建筑师马塞尔·布劳尔（Marcel Brauer）来完成一个方案，由于与前几个设计方案一样，这个作品也是在更多地突出构筑物本身，加上其他政治原因，也未能付诸实施。

1974 年，最终确定由著名风景园林师劳伦斯·哈尔普林（Lawrence Halprin，1916—2009 年）负责设计。

哈尔普林在设计罗斯福纪念物时提出的设计思想是：

（1）必须与纪念物所处环境——有纪念意义的华盛顿国家公园的平面位置、地理环境相协调。

（2）必须保留基地一切有价值的东西，如樱桃树、原有道路等。

（3）把纪念物中的罗斯福总统的形象定格为一个人，一个总统，而不是高高在上的"神"。

由于诸多的原因，从哈尔普林提交最初的方案，到 1997 年 5 月 2 日罗斯福纪念园的落成，时间跨越了 23 年，这期间方案又经过了提炼和加工，最终由概念变为现实（图 2-19）。

在这个纪念园中，所有的花岗石墙体的高度都不超过周围的树木，整个纪念物湮没在绿树丛中，和环境融为一体。对水的运用也很好地烘托了纪念气氛，水景组合中有静水和动水的不同运用，或者是表现冥思的静水，或者是表现力量的流水，或者是表现欢快的跌水，水景穿插在整个设计中，使整个设计没有沉重的感觉，有效地产生了"交谈"的感觉。外部空间的环境塑造是这个纪念性景观的一个重要特色。

《独立宣言》56 位签署者纪念园（The 56 Signers of the Declaration of Independ-ence Memorial，图 2-20、图 2-21）、明尼苏达州圣保罗市的妇女选举权纪念园（Women's Suffrage Memorial，St. Paul，图 2-22、图 2-23）都是通过对尺度的控制和环境绿化表现出对环境的尊重。

美国《独立宣言》（The Declaration of Independence）是北美洲 13 个英属殖民地宣告从大不列颠王国独立的文件。《独立宣言》的原件由出席第二次大陆会议（Second Continental Congress）的代表 56 人共同签署。在当时，这些签署者的"叛

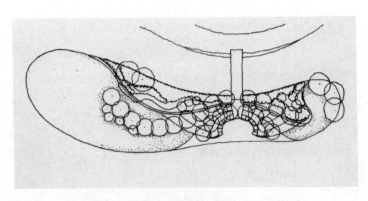

图 2-20 《独立宣言》56 位签署者纪念园平面图

图片来源：作者编绘

图 2-21 《独立宣言》56 位签署者纪念园景色

图片来源: 作者绘制

逆行为"损害了英国国王的利益, 触犯了英国的法律, 构成了"叛国罪", 因此, 在当时英强美弱的形势下, 他们的勇气令人钦佩, 他们也被看作是美国的开国元勋。

《独立宣言》56 位签署者纪念园, 位于美国首都华盛顿特区宪法花园的湖中的一个小岛上, 建成于 1982 年。它的特色就是将签署者的签名、职业和家乡名称用金字刻写在低矮石块上（几个月以后, 越战纪念碑也建成于宪法花园之中）。

这个纪念园中, 粗糙的石块围成弧形的造型, 营造了一个平和的纪念气氛, 形成一个低矮的纪念性景观, 它的外围是绿色的景观, 融入华盛顿特区纪念核心的景观氛围之中。纪念园的造型是一个非传统纪念碑式的形式, 不与周围的景观形成对立。

在纪念园的入口地面上一块石板上刻写着《独立宣言》最后的句子："为了支持这篇宣言，我们坚决信赖上帝的庇佑，以我们的生命、我们的财产和我们神圣的名誉，相互保证，共同宣誓。"（And for the support of this Declaration, with a firm reliance on the Protection of Divine Providence, we mutually pledge to each other our Lives, our Fortunes and our sacred Honor）

明尼苏达州圣保罗市的妇女选举权纪念园位于美国明尼苏达州圣保罗市（State CapitolSaint Paul），坐落在明尼苏达州议会大厦的南部的林荫大道上，占地 4000m²，建成于 2000 年。

这个纪念园是纪念美国国会第 19 修正案的通过，该修正案认可了妇女的选举权利，同时也献给明尼苏达州那些为妇女有更多参政权利而努力的人们。

这个纪念园安排了不规则的丘状地形，是对不同地质时代的抽象，也是对明尼苏达多低山的风景的呼应，在丘状地形上应时种植各种乡土花卉，在花卉改变色彩时，花丘在不同的季节也有了不同的色彩和质地，在明尼苏达漫长的冬季，雪常常覆盖着场地，形成起伏的地形景观。

设计用一个格子架分割了不同的空间。格子架的竖向金属管代表着妇女选举权运动所持续的年限，水平的金属管在竖向金属管间波形穿插，反映着 25 位妇女选举权运动活动家的生命线，格子架的基座上刻写着这一运动的历次重要事件（图 2-23）。格子架造型轻盈纤细，与环境有很好的对话关系。

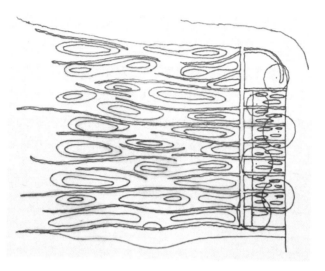

图 2-22　妇女选举权纪念园平面

图片来源: 作者编绘

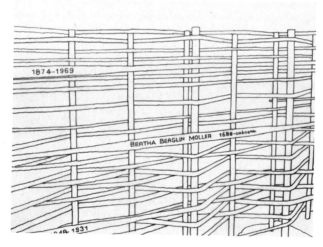

图 2-23　妇女选举权纪念园格子架

图片来源: 作者绘制

纪念性景观的营造，以人类整体文化的发展为背景，是人类整体文化的组成部分，它的存在也受到整体文化的影响，基于这样一种状况，使我们既能够通过对纪念性景观的研究来分析人类文化发展，同样也能够以人类整体文化的发展为线索，来审视和研究纪念性景观的文化意义，从而使我们对于这样一个主题能够有一个不同的视野，并使纪念性景观能得到多方位的探索和认识。

第 3 章
纪念性景观的文化价值

文化的价值指人对自己生命存在的文化意义的理解和确定，它决定人的追求、信念和理想，它是人的精神生活的全部内容。^❶

作为有文化意识的人，不断地进行着文化价值的追求，这种追求，从理论上可分为三大领域："求真""求善"和"求美"。实际上，这三大领域是一体的，它们为异中之同，同中之异，^❷只是为了阐述的明确不得已在学术上做出"分解"。

纪念性景观的文化价值，也是"求真""求善"和"求美"的价值追求。

3.1　纪念性景观中的"真"

从文化的角度探讨纪念性景观的"真"，是指人的存在，必须要对外部世界有一个实在的了解，就必须拥有一个真实的外部世界（包括自然世界和文化世界），从外部世界获得可靠的知识和信息。纪念性景观所追求的"真"，就是指人所认识的外部世界的"实在性"，这包含以下几方面：

1. 事物的实在性

对事物实在性的探求，形成人们求原因和求本质的思维方式，从而成为科学探索的基础。这其中包括虚幻与实在的

❶　李鹏程. 当代文化哲学沉思 [M]. 北京：人民出版社，1994: 239-240。
❷　叶秀山. 美的哲学 [M]. 北京：东方出版社，1997: 11。

辨识、同与异的区分、"表象"与"本真"的区分等方面的追求。

9·11国家纪念广场和博物馆（National September 11 Memorial & Museum，或称作9/11 Memorial & Museum）中展示的消防车残骸（图3-1），是救援行动客观存在的证明，可以帮助人们深刻认识到这场恐怖袭击不是影视作品，而是现实生活中真实发生的，它就在眼前。

图 3-1　美国 9·11 国家纪念广场和博物馆中展示的消防车
图片来源：https://www.nbcnews.com/news/photo/national-september-11-memorial-
museum-n105646（NBC News）

侵华日军南京大屠杀遇难同胞纪念馆，落址在遇难同胞的"遗骨坑"上，累累的尸骨是历史事实的有力证明。而纪念馆内幸存者照片墙上众多的幸存者照片也证明着事件的实在性（图 3-2）。

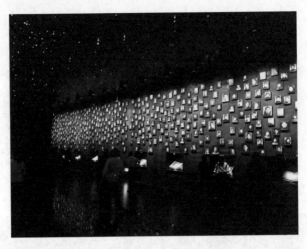

图 3-2　侵华日军南京大屠杀遇难同胞纪念馆幸存者照片墙

图片来源：作者拍摄

2. 他人的实在性

人是社会性的生物，作为社会成员，对他人的实在性的探索，是一个人生的重要课题。

由于人的活动性和复杂性，包括人际交往中的多重"面目"和人的内心世界的复杂性等因素，因此，对他人"实在性"的探索，是一个非常复杂的问题。

人类的文化产品包含有大量对"他人"的实在性的信息和知识，尤其是文学作品和影视作品，这些都是把握他人实在性的一个重要途径。在生活中把握一个人与在文化作品（如纪念性景观）把握一个人都是构成对他人实在性的把握，二者是殊途同归。

纪念性景观的纪念对象，常常与人物有关，这是个体了解他人的一个重要途径。而其中经常出现的人体形象，其文化作用的一个方面，就是可以强化他人实在性的这一对"真"的探索，如长沙橘子洲头巨型毛泽东青年雕像、美国拉什莫尔国家纪念雕像（Mount Rushmore National Memorial）中的巨型总统头像（图 3-3）等。

图 3-3　美国拉什莫尔国家纪念碑

图片来源: 作者绘制

越战纪念碑（Vietnam Veterans Memorial，图 5-29）造型简洁，广受称誉，其设计采用了黑色花岗石墙体作为形式语言，除士兵的名字外无其他的信息，于是有人坚持要求增加士兵的具体形象，多年多方博弈的结果，就是最终在纪念碑旁边的树林中增加了 2 组士兵雕塑，一组为 3 人的男性士兵雕像，另一组为表现女兵参与战争，救死扶伤的雕像。这也说明，在一些人的心中，具象的造型能够强化一定的真实性，这也就是纪念性景观中经常出现人物雕像的原因之一。

　　名人故居，也包含了众多的被纪念者的历史信息，如韶山毛泽东故居、绍兴鲁迅故里等，史料翔实，也具有同样的文化功能（图3-4、图3-5）。

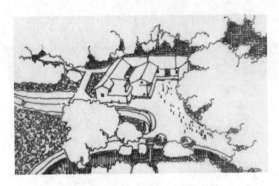

图 3-4　韶山毛泽东故居鸟瞰

图片来源：作者绘制

图 3-5　绍兴鲁迅故里的三味书屋

图片来源：作者拍摄

人在纪念性景观这样一个文化产品中对"他人的实在性"这一"真"的探求，不仅仅只存在于对"被纪念者"的范围，"读者"（参观者）通过对设计的纪念性景观这一文化作品的阅读，同时可以感受到"作者"（设计者）这一"他人"的存在，从而建立起一种对话与交流，使"读者"在人生之旅，能通过感受到"同行者"的存在，减弱对存在的疑惑，减轻存在的"焦虑与苦闷"。所以，优秀的纪念性景观设计，不仅仅向我们展示"被纪念者"的存在，而且向我们展示"作者"的存在，通过作者、作品与读者的关系，读者建立起对他人及历史的"信任"与"把握"，由此也构成人们对作品的认同与热爱。

3. 历史的实在性

历史的观念使人能够在时间的维度上，动态了解这个变化的世界。为了追求事物的真实，人就必须了解事物在世界上变化的痕迹。通过对这些痕迹的了解，就可以对历史实在性有一个把握。

亚德·瓦谢姆纪念工程中用保留下来的犹太人乘坐过的铁皮火车（图3-6），来证明这段历史的实在性。

位于美国夏威夷火奴鲁鲁市珍珠港的亚利桑那号纪念馆（USS Arizona Memorial，图3-7），是为纪念在日本偷袭珍珠港中沉没的战列舰亚利桑那号和1177名士兵而修建。纪念馆漂浮在亚利桑那号战列舰遗骸的上方，人们可以在不同的角度看到沉在水下的战舰，可对历史的实在性产生深刻的印象。

人文学科的目的就是对人的"真实""本性"和"面目"的真正理解，由于人类社会的不断发展，这种理解的任务就永不完结，这也就是作为文化成果的纪念性景观不断被营造的一个重要原因。

图 3-6　亚德·瓦谢姆纪念工程中的纪念犹太人被流放的铁皮火车

图片来源：作者绘制

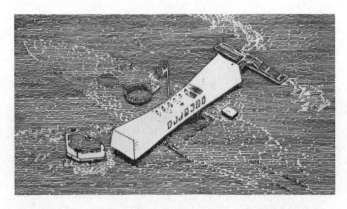

图 3-7　美军亚利桑那号纪念馆及水下亚利桑那号战舰遗骸

图片来源：作者绘制

3.2 纪念性景观中的"善"

"善"指向了事物发展的适宜性，包括人与人之间和人与客观环境之间的关系。"善"使事物的发展有利于社会和绝大多数人生存发展，在社会群体中具有的正面意义。

求善的途径包括以下两方面的内容：

1. 知识是求善的基础，只有有了知识，人才能形成一种理性地对待事物的态度，处理好人与世界的关系

纪念性景观作为文化，首先它本身就可作为知识的载体，比如对科学家的纪念，就是将科学知识进行传播的途径之一（图3-8）。

在人类文明的早期，知识和理性以神话或宗教的形式对人们的生命存在活动发生作用，在神话意识中表现为"禁忌"的流行，比如传说的在金字塔中所包含的"咒语"、狮身人面像、我国古代帝王坟墓旁的神兽等。

2. 利用知识，合理地安排文化世界的秩序，成为"求善"的价值指向

这包括以下几个方面：

（1）诸多世界事物在人的意识中，同时也在现实世界中形成合理的布局和相互作用的关系。以此为基点，形成人们对自然的合理改造的实践。从这一点讲，知识和理性就是善。

美国亚拉巴马州恩特普赖斯（Enterprise）的棉铃象鼻

图 3-8　桥梁专家茅以升雕像

图片来源: 作者拍摄

虫纪念碑（The Boll Weevil Monument，图 3-9），建于 1919 年，是纪念由于棉铃象鼻虫的危害，人们弃种棉花，而改种土豆，结果获得成功，为这个地区带来了更高的收益、更多产的土地和城市的复兴。棉铃象鼻虫因此对这个地区的农业和经济产生了重要的影响，所以以人们修建铜像来纪念这些昆虫。这个纪念碑显示出科学和知识所具有的"善"的功能。

（2）与他人的人际关系。

在纪念性景观中，家族式的坟墓反映的是一种血缘关系，它以家族的人际关系为基

图 3-9　棉铃象鼻虫纪念碑
图片来源：作者绘制

础，维护着家族的稳定，进而保证家族的生存和发展。社会团体中各种英雄和杰出人物纪念碑的营造，以个人与集体和社会的关系为基础，强化一种集体意识，是社会道德和文化价值的载体，对维护集体与社会的稳定和发展发挥作用。

英国白金汉郡的斯托园（Stowe Landscape Gardens）中有个名人纪念碑（The Temple of British Worthies，图 3-10），一个墙体上有众多的名人塑像，包括：莎士比亚（William

Shakespeare)、培根（Francis Bacon）和牛顿（Isaac Newton）等，通过对名人的纪念和对他们功绩的颂扬，引导社会的风尚，具有培养和提升集体文化水平的功能。

图 3-10　斯托园中名人纪念碑
图片来源：作者绘制

卢梭（Jean-Jacques Rousseau，1712 年 6 月 28 日—1778年 7 月 2 日）是法国 18 世纪伟大的启蒙思想家、哲学家、教育家、文学家，18 世纪法国大革命的思想先驱，杰出的民主政论家和浪漫主义文学流派的开创者，启蒙运动最卓越的代表人物之一。卢梭 1778 年 7 月 2 日在巴黎北边的埃默农维尔（Ermenonville）辞世。埃默农维尔是法国早期的风景园，其主人和设计者是吉拉尔丁（René de Girardin）侯爵，他是卢梭的朋友，也是资助者，这个风景园的规划即是在卢梭的小说和哲学思想启发下完成的。卢梭的坟墓就被安排在这个风景园的一个小岛上，岛上是一片挺拔的白杨树，树中有一座白色的墓碑，碑体由一位画家精心设计，周围自然环境有近乎荒野的感觉（图 3-11）。

图 3-11　白杨之岛

图片来源：http://www.ermenonville.fr/fr/en-images

　　法国资产阶级革命后，卢梭的遗体于 1794 年以隆重的仪式移葬于巴黎先贤祠（Pantheon in Paris）。

　　无论是白杨之岛的荒野，还是在先贤祠中棺椁的精妙，卢梭墓都因卢梭巨大的影响力，而在社会文化领域产生着重要的影响。

四川省双流县的佘艳，在 8 岁时因白血病去世，她的碑文正面上方写着："我来过，我很乖（1996 年 11 月 30 日—2005 年 8 月 22 日）。"碑文后面刻着关于佘艳身世的简单介绍，最后两句是："在她有生之年，感受到了人世的温暖。小姑娘请安息，天堂有你更美丽。"她生命的最后阶段，得到了社会各界的关心和援助。这是一个不幸的故事，一个感染力强烈的纪念碑，也同时传达出社会团体中"善"的力量。

（3）设立"至善"的人生目的和人生态度。

作为社会文化的纪念性景观，在张扬"善"的价值的同时，是在"教育"纪念者树立"至善"的人生目的，只是在不同的历史阶段和历史状况下，人们对"至善"的理解和认识存在着差异，甚至截然不同，但无论如何，纪念性景观"求善"的价值取向和宣传"至善"的人生目的却是十分明确的。

杭州岳飞墓正殿忠烈祠，岳飞像侧面有明代人所书"精忠报国"（图 3-12），以岳飞抗击侵略，保家卫国的事迹为典范，宣扬华夏民族维护总体民族利益的"至善"文化价值追求。墓园中的一个井，也被命名为"忠泉"（图 3-13），有着同样的作用。

对善的追求，即合理的文化世界的秩序的追求，还包括和表现为对"恶"的抑制。"恶"为"善"的对立面，只有通过对"恶"的认识和反思，"善"的价值才能够得到展现。因此，在纪念性景观中，有许多对人类的"悲剧"和"恶"的展现与纪念，其目的是使"善"得以呈现，比如人们保留大屠杀遗址、集中营遗址等，就是为了展示"恶"的存在，意在杜绝、抑制、避免"恶"的再次发生。

图 3-12　杭州岳王庙正殿中"精忠报国"匾额

图片来源：作者拍摄

图 3-13　杭州岳王庙庭院中忠泉

图片来源：作者拍摄

在美国旧金山、韩国首尔、菲律宾马尼拉等地相继营造的慰安妇纪念雕像（"comfort women" statue，图 3-14），就是把第二次世界大战中日本军国主义强征慰安妇这样的"恶"和慰安妇的个人悲剧展示在人们面前，才能够树立向"善"的文化诉求。

图 3-14　美国旧金山圣玛丽广场的慰安妇纪念雕像

图片来源：https://www.thestar.com/news/world/2017/11/24/japan-to-scrap-sister-city-relationship-with-san-francisco-over-comfort-women-statue.html（JUSTIN SULLIVAN / GETTY IMAGES）

北京圆明园遗址公园中将英法联军对圆明园焚毁、破坏的遗迹进行保留，成为中华民族曾被侵略、被欺凌的历史见证，激励人们爱国主义和发愤图强的精神。抑恶向善的纪念性价值，已经成为圆明园最重要的文化价值（图 3-15）。

图 3-15　圆明园遗址公园中大水法遗址

图片来源：作者拍摄

纪念性景观作为文化，通过对人与世界的关系、人与人的关系、人生目的这几个方面的设定，构建人类文化"善"的框架，一定程度上起着引导社会文化不断发展的作用。

3.3　纪念性景观中的"美"

"美的世界"和"真的世界"本是同一个世界的不同存在方式。

——叶秀山[1]

❶　叶秀山．美的哲学 [M]．北京：东方出版社，1997：46。

"美"是一种精神上的"愉悦"。人在"无功利""无利害"的审美境界中，才会感觉到一种冲破束缚的精神解放，获得一种精神上的自由，这就是人们追求美的文化原因。

人们求"美"的文化活动，表现在两个方面：审美和创造美。

审美是人把作为对象的物体，排除其他因素，只作为是否具有"美"的性质来进行体验，其审美的对象表现在自然美和艺术美的两个方面。人们欣赏自然美，是因为自然孕育着生命存在的可能性。人们对自然美的热爱，不仅仅表现为对自然山水的热爱，还表现为对人工营造之物中所包含的天然成分的热爱，如水体、石材等等。人们对于艺术美的欣赏，使人能够通过艺术家的眼睛和其营造的形式来看待世界和观赏世界，从而更深刻地把握人自身的存在。重大的历史事件可以浓缩在一件艺术作品中予以表现，使读者通过对艺术的欣赏，了解历史，了解他人，了解世界。不论是自然美，还是艺术美，人所面对的外部世界是"美"产生的重要条件，这一点，成为纪念性景观创作中对形式予以重视的基础。

人们求"美"的文化活动，还表现于人对"美"的创造中，在实践中创造"美"的事物，这时，讨论的对象转向了创作者和设计师。

纪念性景观设计中设计者进入了艺术家的角色。从艺术的角度来看待纪念性景观设计，要求设计师时刻不忘对"美"的形式创作的追求，因为只有形式才是与人的审美直觉密切相关的因素。

卡西尔说，艺术"既不是物理世界的模仿，也不是强烈情感的流露。它是对现实的一种解释——不是通过概念而是通过直觉，不是通过思想的媒介，而是通过感觉的形式"。艺术的价值就在于以感觉的形式来把握世界。

艺术家用现实的材料，按照现实本身的形状，塑造一个意象的世界，这个世界是现实世界的一种"解释"，因而是一个新世界，因为它展现了一种新的意蕴。

原罗斯福纪念碑设计竞赛中标方案，优美的碑体组合提示了人们形式世界的无限丰富性，将观者带入一个美的境界，作者通过这美的形式建立起与观者的对话和交流，观者产生审美愉悦。设计方案之所以中奖，不仅仅因为它对"碑"的新探索，它所具有的形式魅力，也是它在竞赛当中赢得人们青睐的一个原因（见图 2-18）。

戴安娜王妃纪念喷泉（Diana, Princess of Wales Memorial Fountain，图 3-16）是纪念英国戴安娜王妃而修建，戴安娜（Diana Spencer）王妃 1961 年 7 月 1 日出生于英国诺福克，1981 年 7 月 29 日与威尔士亲王查尔斯结婚，她是查尔斯的第一任妻子，亦是威廉王子和哈里王子的亲生母亲。她富有爱心，贴近大众，深受人们的爱戴。1996 年 8 月 28 日与查尔斯解除婚约，戴安娜获准保留"威尔士王妃"的头衔。1997 年 8 月 31 日因车祸死于法国巴黎。

戴安娜王妃纪念喷泉位于伦敦海德公园（Hyde Park）西南角，椭圆形的喷泉占地约 $0.5hm^2$，平面尺寸约 $50m \times 80m$，周边是绿色的草坪。水面上有 3 座小桥，通过小桥，人们可以进入环形喷泉的中心绿色地带。场地的坡度比较平缓，所以纪念喷泉中水从一个高点向两个相反的方向流去。一个方向的溪流下降得十分平缓，泛着柔和的涟漪；另一个方向的水流在经过了台阶、谷地、弯曲以及其他形态变化，形成各种有趣的造型。两股水流在较低位置的平静水池中相汇。两个方向的水流，是为了试图表现戴安娜王妃生活的多个方面。由于戴安娜王妃是一个现代的王妃，而且在大众中口碑良好，因此喷泉的目标是让人们去接近这个喷泉。

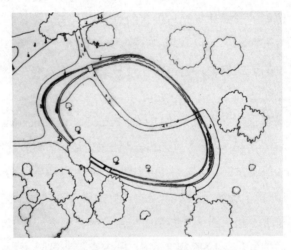

图 3-16　戴安娜王妃纪念喷泉鸟瞰

图片来源：作者绘制

　　戴安娜王妃纪念喷泉优美的造型，给参观者及欣赏者留下深刻的印象。除了运用水要素来形成丰富变化的喷泉而吸引人外，其整体造型像一个放置在绿地上的银色的戒指，景观形象十分优美，这也是人们喜爱这个纪念性景观的一个重要原因。

形式的创作还包含了自然要素的组合安排，如何看待自然要素在纪念性景观中的地位，也反映出一个设计师认识形式、把握形式的能力。在人类生产力还不高的情况下，为了突出纪念性景观，并强化纪念性价值及效果，设计师往往重视人工要素的表达能力，人工构筑物在纪念性景观中往往占据主导地位。这种情况直到近现代才逐渐发生转变，自然要素逐渐在纪念性景观的创作中扮演着越来越重要的角色。

3.4 纪念性景观中的文化价值迷误、转变及其消解

人的一生是追求价值的一生，这价值就包含了真、善、美三个方面。而何为真、善、美，每个人都有自己的看法，甚至持有截然不同的观点，其实践的结果也大相径庭。人追求价值的同时，却时常会出现走向反面的情况，这就是价值迷误现象，而随着时间的推移，文化价值会出现失效，甚至出现转变的可能。

金字塔建造的目的，是为了满足法老追求长生不死的愿望，宣扬统治者的至高无上，维护当时的等级制度。但是，统治者所追求的目标是以对人民的奴役为基础，从历史的观点看，是"非善"的，是"价值迷误"。建造金字塔让人民生活在水深火热中，人们对统治者的"纪念"就是"憎恨"。据古希腊历史学家希罗多德记载，为了建造胡夫金字塔，强征了每批 10 万

人的徭役，轮番工作了 20 年之久。

希罗多德说，建造 3 座大金字塔（见图 2-8 中后景）的皇帝统治下的 106 年，被埃及人民认为是水深火热的时期，人民想起当时的两个国王（岐欧普斯和凯普伦）就非常痛恨，以致很不愿意提起他们的名字，而是用牧人皮里提斯的名字来称呼这些金字塔，因为这个牧人当时曾在这个地方牧放他的畜群。❶ 随着历史的发展，金字塔的纪念意义，已经远不是当初法老们所追求的那样，而是在一定程度上反映古埃及人民智慧和创造伟力的标志物。

中国古代皇帝的陵墓形制，包含了一种宣扬封建等级制度的价值追求，皇帝被视为"天之子"而具有"神性"的光辉，其陵墓也是神圣的。

明十三陵之定陵是为纪念明代万历皇帝朱翊钧（1563—1620 年）而建（图 3-17）。在 1956 年定陵被开发挖掘之后，这里被当作封建帝王腐朽生活的见证而对外开放，对万历的一条道德批判就是他贵为一国之君，数十年避见朝臣，疏于国政，昏庸无道。这样定陵及其开放的纪念意义不再是当初营造时所期望的那样，而成为封建社会腐朽没落的见证。

黄任宇先生在对万历一朝进行细致的研究之后，通过对万历皇帝个人生活悲剧和时代背景的揭示，探寻了万历行为的深层原因，从而解读出新的纪念意义。正如在《万历十五年》一书中黄任宇先生所描写的那样："今天，有思想的观光者，走

---

❶ 希罗多德 . 历史 [M]. 王以铸译 . 北京：商务印书馆，1959：196。

图 3-17　定陵地宫中复原的万历皇帝和皇后棺椁

图片来源：作者拍摄

进这座地下宫殿，感触最深的大约不会是这座建筑的壮丽豪奢，而是那一个躺在石床中间，面部虽然腐朽而头发却仍然保存完好的骸骨。它如果还有知觉，一定不能瞑目，因为他心爱的女人（注：淑妃郑氏，因地位低而不能与皇帝同葬一处），这唯一把他当成一个"人"的女人，并没有能长眠在他身旁。同时，走近这悲剧性的骸骨，也不能不令人为这整个帝国扼腕……这里的地下玄宫，加上潮湿霉烂的丝织品和胶结的油灯所给人的感觉，却是无法冲破的凝固和窒息。他朱翊钧生前有九五之尊，死后被称为神宗显皇帝，而几百年之后他带给人们最强烈的印象，仍然是命运的残酷。"❶ 定陵这一纪念性景观的文化价值，

❶　黄仁宇 . 万历十五年 [M]. 北京：生活・读书・新知三联书店，1997：134。

对于黄仁宇和其他有相似认识的参观者来说，也与建造者以及多年来人们所评判的不同。

巴黎星形广场凯旋门（Triumphal Arch of the Star，图 3-18），当初是拿破仑一世为纪念法军在奥斯特里茨战役中打败俄奥联军的战绩而建，其目的有炫耀武力和表达皇帝的伟大之意图。今天人们来到这一具有纪念意义的建筑前，对它的看法大都不会与营造之初相同。它也不再表达对战争的颂扬。这座凯旋门建筑的成就、雕塑艺术也是其纪念性价值的一个组成部分。

图 3-18　巴黎星形广场凯旋门

图片来源：作者绘制

许多纪念性城市名称的改变，也是纪念性景观文化价值存在转变可能的一个佐证。前文所提及的俄罗斯圣彼得堡的名称变迁，就是一个典型案例。另外俄罗斯城市伏尔加格勒城

（Volgograd City），旧名察里津（Tsaritsyn），在 1925—1961 年，因为斯大林曾在这里领导察里津战役，被改名为斯大林格勒（Stalingrad），以纪念斯大林的功绩。在 1961 年苏共二十二大以后，被改名为伏尔加格勒，城市的名称对斯大林的纪念意义削弱，甚至消失。

伊拉克萨达姆政权在 2003 年倒台后，在许多城市中，前总统萨达姆·侯赛因的纪念雕像被推翻，说明政治环境、文化环境的变化，会带来纪念性景观的文化价值的巨大转变，甚至是逆转。

价值迷误和价值转移的出现，与文化环境的局限性有着很大的关系，也与设计者、营造者的价值观念有很大的关系。

从纪念性景观的设计和创作角度来讲，价值迷误、价值转变的避免和消除，最重要的是提高"文化"水平，只有提高了营造者和设计者自身的鉴别能力、分析能力，才能避免价值迷误、价值转变的出现，作品才能摆脱历史的局限性，经受历史的考验。

第4章

纪念性景观设计作为文化创作

从文化的角度对纪念性景观进行审视，是为了更好地服务于它的创作。把纪念性景观作为作品来对待，就是要研究如何实现纪念性景观的文化价值。

当纪念性景观作为作品时，设计师必然要面对纪念性景观的历史观念、语言观念和艺术观念等问题，这些问题在一定程度上影响到设计师或艺术家的观念和形式语言，影响到纪念性景观的具体形态，进而影响到纪念性景观价值的实现。

4.1 纪念性景观设计与历史观念

> 一切历史都是当代史。
>
> ——克罗齐

纪念性景观作为作品，首先是从历史的角度切入从而进行创作。历史的内涵是纪念性景观的主要内容之一，是纪念性景观存在的前提。

1. 历史的观念

人类有文字记载的历史，有 5000 年以上，而无文字记载，但经过考古等推算的历史，有 300 多万年。相比于个体短暂的人生，历史是漫长的、遥远的，无法完全经历。人们要获得历史的信息和知识，大多是通过文化的"教育"获得的。纪念性景观所携带的历史信息是这种教育发生作用的一个重要途径。

历史不是现实，历史是过去时，它是对"过去"的描述，是进行"历史"思考的人的脑海中的精神内容。世界不仅仅是一个自然的世界，同时也是一个历史的世界，"历史"使人能够在一种动态过程中把握现实和存在。

历史不是亲身经历和直观感受，历史是当代人脑海中的精神性的认识，是人通过精神性的思考产生出来的。历史必须从事实开始，但是历史事实不能重建，只能"回忆""推断""设想"而使它再生。科林伍德曾说，"历史什么也不是，只是在历史学家的头脑里，将过去重新制定一方而已"❶，强调的就是历史的主观性因素。

图4-1　傅抱石《赤壁舟游图》
（高 111.2cm，宽 59.2cm，北京故宫博物院馆藏）

图片来源：http://www.dpm.org.cn/collection/paiht/232716.html?hl=《赤壁舟游图》（故宫博物院官网）

苏东坡游览赤壁时"遥想公瑾当年，小乔初嫁了，雄姿英发，羽扇纶巾，谈笑间，樯橹灰飞烟灭"（图 4-1），写的

❶　引自：戴茂堂．西方接受美学评述．外国美学（9）[M].北京：商务印书馆，1992：221。

是自己的想象，虽然有猜测的成分，甚至与历史事实有差距，但却有一种对历史的理解与解读，司马光在《资治通鉴》中描写的"瑜等率轻锐继其后，雷鼓大震，北军大坏"，虽然更接近史实，但却缺少一些体验的成分，二者所具有的历史内涵难以进行优劣的评判，然而前者的浪漫情调使作品为多数人所欣赏和接受，影响力也更广。所以艺术的"历史"同样是人的历史意识的组成部分，在有些情况下甚至是很重要的部分，比如中国人对魏晋时期历史的了解，更多的是通过《三国演义》中脍炙人口的故事而得，而对于真实的史实，大多数人并不是十分在意。

将纪念性景观作为作品来对待时，设计师也扮演着历史学家的角色。历史学家的立基之处是历史的"科学知识"。但历史的价值在于它的"精神"因素，即通过真实的史料"解释"历史事件的"意义"。掌握的史料不同，或理解不同，解释就不同，景观的形式也不会相同，但这种不同并不一定丧失历史的真理性。

台湾举行的抗战胜利及台湾光复纪念竞赛，一等奖的立意为"历史的留言板"，二等奖的立意为"隐藏的胜利"，三等奖的立意为"正凛大气"。❶ 从立意即可看出每一个作者对于这样一次纪念都有自己不同的切入点、感受和理解，因而才有不同的主题，虽然得奖的名次有先后，但都不失为有创意作品，都具备一定的文化教育功能。

---

❶ 陈迈. 从台湾最近的两个竞图谈起 [J] 建筑学报，1997（1）: 21-22。

美国第一次世界大战纪念园（National World War I Memorial）竞赛中，首轮 5 个入围作品的主题包括："被遗忘的战争的广场"（Plaza to the forgotten war，图 4-2）、"牺牲的重量"（Weight of sacrifice）、一个美国家庭的肖像（an American family portrait，图 4-3）、"英雄之绿地"（Heroes' green，图 5-30）等，也是上述观点的证明。

历史学家的任务是不断地给历史以新的解释，并引导人们对于未来的展望，对于纪念性景观的设计师来说同样如此。

图 4-2 美国第一次世界大战纪念园"被遗忘的战争的广场"方案

图片来源：http://www.worldwar1centennial.org/

图 4-3　美国第一次世界大战纪念园"一个美国家庭的肖像"方案

图片来源：http://www.worldwar1centennial.org/

2. "历史"的传播

历史不仅仅停留在观念阶段，历史还要进行传播才有文化意义。

历史事实的时间跨度是过去时，而且无法亲临，其细节也是不能穷尽的。当代人们要获得历史事实，可通过科学的、逻辑的分析得以实现，科学技术的发展和人类理性的进步可提供可靠性保障，从而形成"推断性""知识的"的历史，这种"历史"再通过"知识"的"语言"得到传播。文献、遗物、遗址以及历史考据是"历史知识"的"语言"。

历史不仅仅是"史实"，历史还是当时代的人的精神产品。

所以历史还具有诗性的成分。在现实生活中我们可以看到历史栖身于各种艺术形式,如戏剧、小说、电影、绘画、景观等等。还能够看到各种艺术形式汇集于纪念性景观之中,既成为情感的一种表达,也成为"历史知识"的载体。比如罗斯福纪念园中的浅浮雕,南斯拉夫"被枪杀的公民纪念碑"中的情节性雕塑,朝鲜战争老兵纪念园(Korean War Veterans Memorial,图4-4)中的士兵雕塑、一些纪念馆中的全景画等等,其他的艺术形式如诗词在纪念性景观中的存在更是数不胜数,音乐、电影录像也有在不同场合被应用的例子,这些纪念性景观中的艺术创作,是创作者借用其他艺术语言表达的对历史的认识和自己的文化价值取向。

朝鲜战争老兵纪念园位于美国首都华盛顿特区林肯纪念堂之东南,映射水池(reflecting pool)的南面,是为纪念参加朝鲜战争(1950—1953年,中国称抗美援朝战争)的美军士兵而建。纪念园于1995年7月27日,在朝鲜战争结束42周年之际竣工。

在1989年,由宾夕法尼亚州立大学4个人组成的景观和建筑师团队赢得了设计竞赛的优胜,最初的优胜设计是38个士兵塑像,成排状向一面美国国旗前进,塑像略大于人体尺度,塑像群周围围以设计者所谓的"战争的风景"。但是由于各种原因,最终由Cooper-Lecky建筑师事务所领导不同的成员完成实施方案。

纪念园的平面图案是三角形插入一个圆形。三角形边缘是矮墙,其中一面墙有50m长,200mm厚,抛光的黑色花岗石,有超过 2500 个士兵照片、档案影像被显示在墙面上。

图 4-4 朝鲜战争老兵纪念园中士兵雕塑

图片来源：作者绘制

在矮墙围合的三角形内是 19 个不锈钢士兵雕塑（比中标方案少了一半），比正常的人体稍大，介于 2.21 ~ 2.29m 之间。这些雕塑代表一个巡逻小分队，这 19 个士兵雕像中，14 个代表美国陆军，3 个代表陆战队，1 个代表海军，1 个代表空军。他们身披装备，分散行走在花岗石和灌木丛的条带地形中，这种条带代表着朝鲜的崎岖地形。

一个矮墙上刻写着 22 个参与朝鲜战争的国家的名称。圆环中包含一个纪念水池，直径 9m，水池的边缘刻写着死亡、受伤、失踪和被俘人员的数量。水池的北面被树丛所环绕。在纪念园的南部，还种植了韩国国花——木槿花。

有 3 个士兵雕像是在树丛中，所以，从美国国旗旗杆处来看，你不知道这支队伍有多少人。士兵身上的披风有吹动感，仿佛他们是行进在寒冷的冬季，效果十分逼真。

雕塑的手法和场景再现的方式表达纪念，是创作者历史观的一种体现。

4.2　纪念性景观设计与语言观、文字景观

在卡西尔的语言观念中，语言作为独立的符号系统，是人类文化的重要组成部分。他认为语言、艺术、宗教、科学是人类自我解放历程的不同阶段，在所有这些阶段中，人都发现并且证实了一种新的力量——建设一个自己的世界，一个理想"世界"的力量。"艺术王国是一个纯粹形式的王国。它并不是一个由单纯的颜色、声音和可以感触到的性质构成的世界，而是一个由形状与图案，旋律与节奏构成的世界，从某种意义上可以说一切艺术都是语言，但它们又只是特定意义的语言。"❶

海德格尔也认为："语言是存在之家"，并声称"语言才是

---

❶　卡西尔 . 语言与神话 [M]. 于晓译 . 北京：生活・读书・新知三联书店，1998：167。

人的主人" **❶**。

就语言而言，按照现代语言学的观点，语言是前逻辑的，一切语言起源于诗，而"日常言语是被遗忘了、被用竭了的诗" **❷**。

语言学研究将语言分为语音、词汇、语法、语意四个部分，从建筑学研究的角度，人们可将建筑分成建筑词汇、建筑语法、建筑语意三个部分，从而形成建筑学的语言学研究。

"景观具有语言的所有特征，它包含了等同于单词和词性的要素：形状、结构、材料、构成和功能。所有景观都是以上这些要素的结合体。像单词一样，景观元素（如水）在被环境塑造之前都只具有潜在的意义。语法原则控制并引导着景观如何形成，一些语法特定于场所和它们的当地方言，另一些则是通用的。景观是实用的、诗意的、修辞的、有观点的。它是语言的一种形式。" **❸**

一个景观的"文章"，可以有空间序列、景观结构、空间、景观要素等构成，这些也可被看作景观"文章"的段落、结构、句子、文字等。所以从广义的语言角度来讲，纪念性景观中的各种构成要素和结构都是纪念性景观的语言。

"阅读和塑造景观就是去学习和传授，即了解世界，表达

---

❶ 李新博. "语言是存在之家"："语言论转向"的方法论缘由和本体论意蕴 [J]. 外语学刊，2012（6）：5。

❷ 引自：俞建章，叶舒宪. 中西美学中关于"意义"的问题——语言与艺术的比较研究 [M]//《外国美学》编委会编. 外国美学 6. 北京：商务印书馆，1989：13。

❸ 安妮·惠斯顿·斯本. 景观的语言：文化、身份、设计和规划 [J]. 张红卫，李铁译. 中国园林，2016（2）：6。

观点，影响他人。景观，作为语言，使思想变得实实在在，可以触及。通过景观，人们与子孙后代分享经验，就像前辈将他们的价值观和信仰铭刻在景观中，并将景观作为遗产和丰富的文化宝藏留给子孙后代，那是一个包含了自然和文化的历史，包含了目的、诗、力量和祈祷的景观。" ❶

从罗斯福纪念花园的抽象空间语言（图4-5）、南京中山陵追求崇高感的形式语言（图4-6）、南京雨花台烈士陵园中空间序列语言（图4-7）中，均可感受到景观的形式语言魅力。

图 4-5　罗斯福纪念花园的空间语言

图片来源：作者绘制

---

❶ 安妮・惠斯顿・斯本.景观的语言：文化、身份、设计和规划 [J].张红卫，李铁译.中国园林，2016（2）：6。

图 4-6　南京中山陵追求崇高感的形式语言

图片来源：作者拍摄

图 4-7　雨花台烈士陵园中空间序列语言

图片来源：作者拍摄

纪念性景观不仅可以通过形式语言去表达观点，同时，还可通过语言的工具形式——文字景观（inscription）来营造艺术效果。

文字景观，在中国古典园林景观中有着广泛的应用，它可以表达主题、意境，营造诗情画意，是一个重要的景观营造手段，在纪念性景观也有很多佳例。

杭州岳飞墓的建造是为了纪念岳飞和他的儿子岳云。岳飞抗击侵略有功，却遭受秦桧等人的陷害而被杀害，这始终被中国人看作民族的悲剧，对英雄的敬仰和对奸臣的痛恨是每个有爱国之心的人的共同情感，为了表达这种情感，人们在岳飞坟墓前用生铁铸成秦桧夫妇的跪像，千百年来遭受世人的谴责。

而后人题写的一副楹联"青山有幸埋忠骨，白铁无辜铸佞臣"（图4-8）成为这一纪念性景观中的点睛之笔，揭示出这一纪念性空间所具有的真善美的价值。楹联很好地表达出人们的爱与恨，激发起强烈的纪念之情。

福州西郊黄店山明朝抗倭英雄张经之墓壁上，曾留有一副悼念者的诗句："堪恨阶前无铁像，张坟好比岳家坟"，也是通过类比的手法，运用语言艺术表达张经的命运和人们对他的怀念。

国外纪念性景观也有许多优秀的例子，例如号称西方史学鼻祖的古希腊史学家希罗多德（Herodotus，公元前484—前425年）在《历史》第七卷中载，希腊人抵御波斯人入侵，托莫庇来关口是波斯人入侵的必经要塞，300名守

图 4-8　杭州岳飞墓中楹联："青山有幸埋忠骨，白铁无辜铸佞臣"

图片来源：作者拍摄

卫的斯巴达人英勇不屈，寡不敌众，全部阵亡，希腊诗人西门尼德斯（Simonides，公元前 556—前 468 年）替他们写的墓志铭是：

"过路的人，请传个话给斯巴达人，为了听他们的嘱咐，我们躺在这里。"

（Oh stranger，tell the Lacedaemonians that we lie here，obedient to their words）

这个墓志铭既表达了历史事实，即斯巴达战士的牺牲，也歌颂了他们的功劳，触动了参观者的情感，展现出语言的独特艺术感染力。这个墓志铭（希腊文）被刻在温泉关斯巴达战士坟丘上的一个石头上，这里也是最后的战士牺牲的地方。原石已不存，1955 年，人们又重新在一个新的碑体刻上了这首墓志铭。

美国亚拉巴马州的首府蒙哥马利（Montgomery）的民权纪念碑（Civil Rights Memorial），有一面落水墙壁，上面刻写着黑人民权运动领袖马丁·路德·金说过的名言："除非正义和公正犹如江海波涛，汹涌澎湃，滚滚而来。——马丁·路德·金"（until justice rolls down like waters and righteousness like a mighty stream。——Martin Luther King Jr）这句话是马丁·路德·金在 1963 年发表的著名演讲《我有一个梦》里面一句话的一部分，而原话出自《圣经》（Amos 5：24）。文字映衬了马丁·路德·金的事业和功勋，激发出参观者对民权事业的关注，并产生对历史进步的理解。

位于法国卡昂（Caen）的美军武装力量纪念园（The U.S. Armed Forces Memorial Garden）（图 4-9），在主要构筑物的造型上，借用抽象的一双掬水的手形状的落水池，表达一种奉献的主题，在园路的石块上刻着这样的语句："来自我们大陆之心，流淌着青春的血液，献给你们以自由的名义。"（From the heart of our land flows the blood of our youth，given to you in the name of freedom）❶ 这句话出自艾森豪威尔（Dwight David Eisenhower，1890 年 10 月 14 日—1969 年 3 月 28 日，美国第 34 任总统，盟军登陆战统帅）之口，刻写在石块上，也强化着纪念的主题。

---

❶ Jane brown.Normand[J].Landscape Architecture，1996（7）：72-84。

图 4-9 美军武装力量纪念园中手形水池
图片来源：作者绘制

美军武装力量纪念园是在盟军反攻日 50 周年时建成的，位于法国诺曼底战役博物馆的附近，是献给第二次世界大战中在反攻日和随后的战斗中牺牲的美国士兵的。设计师为摩根·惠洛克（Morgan Wheelock）。按照《盟军反攻日百科》的统计，从盟军反攻日开始的 6 月 6 日，到 6 月 20 日，美军伤亡人数 24162 人，其中牺牲 3082 人，受伤 13121 人，失踪 7959 人，为反攻做出了很大的牺牲。

美军武装力量纪念园是一个大公园的组成部分，诺曼底战役博物馆是这个大公园的核心。诺曼底战役博物馆位于原德军的一个指挥部的碉堡所在的地方。参观者们从诺曼底战役博物馆走出后，坐升降梯下降 40 英尺后到达悬崖的底部，再走过一条两边开满鲜花的小路，穿过一片作为入口的小树林，就会来到一个粉灰色花岗石平台上，这个平台塑造成一双奉献的手形，手形内为水池，水从这双抽象的手的结合处跌落到平台下方的水池中。

纪念园的树木强调了美国森林的特征，红栎、红杉、银槭、冷杉和许多果木，它创造出一种宁静的环境，让人们获得对和平的感知和认识。而其中对文字景观的运用，起到了点睛作用。

图 4-10　南京雨花台丁香纪念园
图片来源：作者拍摄

南京雨花台丁香纪念园（图 4-10）位于雨花台烈士群雕一侧，一条道路穿过一片丁香丛林，路边的地面铺装也是丁香花的图案。一个白色的花岗石矮墙与起伏的地形结合在一起，矮墙的顶面写着："情眷眷，唯将不息斗争，兼人劳作，鞠躬尽瘁，尝汝遗愿——阿乐"。这是乐于鸿写给妻子——烈士丁香的悼文。丁香园一侧的书状碑文上刻写着他们的爱情故事，产生着震撼人心的力量。

语言这一文化符号，无论是形式语言，还是工具化的文字景观，都是作品、作者和读者之间联系的桥梁，在设计中居于关键性地位。

4.3 纪念性景观设计与艺术观念

艺术来源于生活，又是生活的升华。艺术诉诸直觉，使人通过审美认识存在，这一点，使艺术与科学具有相同的价值。

纪念性景观作为艺术，是要让作品把观众或读者带入一个艺术的世界，一个诗性的世界。

在卡西尔眼里，艺术和语言一样，最初都是源于模仿："语言来源于对声音的模仿，艺术则来源于对周围世界的模仿。" ❶ 透视术、形式美法则是模仿论的结晶。

古希腊人总结的形式美法则，以对数和音乐的关系，以及人体比例与美的关系的研究为依据，用理性的态度对待艺术，指导了当时众多的建筑及景观的建设，如古希腊的众多的纪念性广场等。

---

❶ 恩斯特·卡西尔 . 人论 [M]. 甘阳译 . 上海：上海译文出版社，1985：176。

形式美法则在文艺复兴之后受到人们的质疑，人们开始将艺术看作充满感性的视觉艺术，逐渐认识到建筑中数学比例不能保证美。现代建筑运动之后，比例问题已经退出艺术创作的主导地位。但是，"它虽然在革新的艺术和建筑理论环境中失去了中心的地位，但并不意味着，它从此消失和没有意义。相反，它变成一种退居背景地位的理论，潜入人们的记忆，或多或少地影响我们对形式的审美判断力"❶。

现代艺术产生以来，艺术进入抽象的时代。抽象艺术以人的内心世界作为研究和表现的中心，把艺术看作人性的展现、个性的张扬，艺术走上不断发展变化的道路。在这一艺术背景下，设计艺术也呈现出一种变革的姿态，建筑、景观的形式语言变得更加丰富多彩。

路德维希·密斯·凡·德·罗（Ludwig Mies van der Rohe）设计的李卜克内西和卢森堡纪念碑（Memorial to Rosa Luxemburg and Karl Liebknecht，图 4-11），一反传统纪念碑的方式，采用了立体构成主义风格的砖砌墙体来塑造纪念性景观（1926 年 6 月 13 日建成，后被纳粹破坏），是现代主义建筑运动中重要的作品。

湖南大学定名 70 周年及岳麓书院创建 1020 年纪念碑（图 4-12），采用两组几何形体的组合，形成了一个造型优美的、动感的抽象形式，在绿色环境中十分醒目，成为局部环境的焦点，耐人寻味。

---

❶ 陈伯冲. 建筑形式论——迈向图像思维 [M]. 北京: 中国建筑工业出版社，1996: 73。

图 4-11　李卜克内西和卢森堡纪念碑

图片来源: 作者绘制

图 4-12　湖南大学定名 70 周年及岳麓书院创建 1020 年纪念碑

图片来源: 作者拍摄

纪念性景观进入艺术的创作天地，要进行美的创造，也是要通过形式语言，对事物的形式进行重构，使事物具有一种新的形象。形式问题是设计师面对的主要问题。只有形式，才是诉诸读者和观众的外部世界，通过对形式的"观照"，美才能在心灵中产生，从而形成审美体验。

卡西尔说："在形式中见出实在与从原因中认识实在是同样重要和不可缺少的任务。" ❶ 也正是通过形式创作这一途径，各种类比、象征、隐喻等手法才能够成立，从而使纪念性景观在艺术领域表现出独特的吸引力。

纪念 1997 香港回归国际概念竞赛一等奖方案（作者为日本的中井正刚，Seigo Nakai），作品通过一个底部为正方形的柱子经过扭动与另一个直立正方形柱子的结合的简单形式"象征香港经过 155 年分离后回到祖国，并且是'一国两制'这一概念的提炼" ❷（图 4-13）。

瑞士卢塞恩（Lucern）城为纪念法国大革命时的王宫瑞士卫队，借用猛狮负伤的惨状这一形式表达纪念，这座雕像以狮子为形象，被称作狮子纪念碑（Lion Monument）。狮子背部一只断箭插入，面容悲伤，前爪按在刻有瑞士国徽的盾牌上，盾牌之上则是一截断矛，是纪念在法国大革命中守卫王宫而死去的超过 600 名瑞士军官及士兵，位于卢塞恩一座山壁上（图 4-14）。纪念碑用类比的手法表达纪念性，也易引起人们的共鸣。

❶　恩斯特·卡西尔. 人论 [M]. 甘阳译. 上海：上海译文出版社，1985：216。
❷　胡绍学. 纪念 1997 香港回归国际概念设计竞赛评析 [J]. 世界建筑，1997（3）：100。

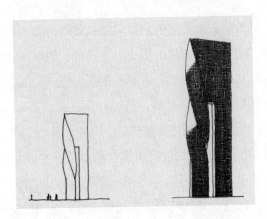

图 4-13　纪念 1997 香港回归国际概念设计一等奖方案

图片来源：作者摹绘。摹自：胡绍学．纪念 1997 香港回归
国际概念设计竞赛评析 [J]．世界建筑，1997（3）：99

图 4-14　瑞士卢塞恩狮子纪念碑

图片来源：作者绘制

在纪念性景观的形式创作中，建筑物、植物、山水、雕塑、小品以及空间序列等各种设计要素都是形式语言的组成部分，各自都有扮演主角的机会，相关佳作也是数不胜数。

探索形式的无限可能性，是不甘平凡的设计师在艺术世界的使命。对于纪念性景观设计来说，采用什么样的形式来阐述历史，表达观点，触动参观者情感，完成纪念性景观的价值，并没有固定的模式可寻。"任务"对于设计师的形式创作并不进行强制性的捆绑，二者只是在某一点的契合，这就需要在实践中不断地探索，经验与灵感在这个过程中同样重要。

4.4 作品、作者与读者

关于纪念性景观作为作品的讨论，另一个重要的内容是作品、作者与读者的关系问题，这个问题之所以重要，是因为它也涉及如何理解"人"这样一个关键问题。

宗教改革和文艺复兴以后，人确立了自己的"主体性"地位，世上之一切，都可以看作人之"作品"，人被自然地理解为一个"作者"，这是一个大的文化环境。

而在传统文学理论的观点里，一部文学作品的意义，就是作者赋予的，作者完成了文学作品，从而决定了作品的意义，这就是"作者中心论"。

这种"作者中心论"的结果，就是作者的"原意"被置于阅读过程的主导地位，读者的任务就是通过作品努力体会作者的原意。

"阅读"既然是理解作者的原意，而作者在创作时，是一个活生生的人，尽管他的思想、感情受到一定的社会历史条件的影响有迹可循，但面对着社会、家庭、个人的各种复杂性，面对各种问题，作者的态度和观点，却不容易靠经验猜测或推理出来。这样，所谓作者的原意，对于读者来说，总带有不确定性，甚至还会出现牵强的解释。基于这种观点，人们就认为读者有权发挥自己的想象力来"再造"作者的"意思"，而不必受到任何的约束。

即使我们可以直接采访作者而让他说明原意探讨，但他的话语是否能提供真正的原意仍然是可以的，作者自己提供的陈述有时甚至是无关紧要的。作者并不能保证是作品的最佳的和最公正的评论者，更不具有评论的绝对权威性，作品一旦完成就不再是作者的所有物。

于是，人们把目光转移并集中到"作品"上来。在这方面，接受美学的相关理论十分丰富。接受美学的主要研究范围为文学，但其内涵中作者、作品、读者之间关系的研究同样适用于景观艺术。

在接受美学理论中，首先读者被提高到一个很重要的地位，文学作品作为审美客体，它的内在意义是通过读者在接受中"视界的改变"而得以实现，即作品的功能是通过接受实现的。其次，文学作品的文本（Text）具有一系列的特征，其中最重要的一点就是文本具有结构上的"空白"，即文本只提供给读者一个"图式化方面"的框架，这个框架无论在哪一个方向和层次上都有许多"空白"，有待于读者在阅读过程中填补和充实。所谓"空白"，就是指文本中未实写出来的或未明确写出来的部分。这些"空白"存在于文本的各层结构中，尤其是情节性结构层上，"空白"的存在并不是消极的，它们恰恰是"一种寻求缺失的连接的无言邀请"，即请读者自己把"空白"填上，把情节接上。❶

这种对"空白"的理解很容易在中国画理论中的"留白天地宽"、密斯的"少就是多"、电影的蒙太奇手法以及极简主义设计风格上找到共鸣。如果读者已被提供了全部故事和细节，没给他留下什么事情可做，那么，他的想象就一直进入不了这个领域，他的阅读是被动的，不可避免地要产生厌倦。所以"空白"不仅不是文本的缺点，而恰恰是它的特点和优点。

接受美学理论虽然是讨论文学作品，但其观点和相关理论可帮助我们分析纪念性景观的设计与创作。

纪念 1997 香港回归国际概念竞赛一等奖方案（见图 4-13），作者提交作品时对于作品并没有文字解释，人们可以按照评委们所说的那样"象征香港经过 155 年分离后回到祖国"来理解这个作品，从另一个角度来说，"一个正方形柱子经过扭曲与另一个正方形柱子的结合"既可以理解为社会制度的变通，也可能被从其他的角度予以理解和解释。不可否认，对于对香港回归持各种不同意见和观点的人来说，当他们面对纪念 1997

---

❶　朱立元主编. 现代西方美学史［M］. 上海: 上海文艺出版社，1996: 915。

香港回归国际概念竞赛一等奖方案这样的作品，产生不同的甚至观点相反认识是完全可能的。

由于采用抽象的造型，作品具有较多的"空白"，构思也很巧妙，使得方案可被各方面欣赏和接受。

柏林欧洲被屠杀犹太人纪念广场（图4-15），场地中用2711个混凝土块体，按照规则的方格网状排列在一个有坡度的地面上。混凝土块体2.38m长，0.95m宽，高度在0.5~4.8m之间变化。混凝土块体之间的距离为0.95m，只能供一个人独自穿行。混凝土块体成一定角度倾斜，使空间的变化丰富。混凝土块体的地平面是微型波浪状的形式，顶部同样起伏变化，

图4-15　柏林欧洲被屠杀犹太人纪念广场

图片来源：作者绘制

118

可以营造一种不安定感，巨大的体量还能形成沉重感。除此之外，设计并无其他更多的形式语言，整个纪念性景观具有极简主义的特点：简约化、序列化、工业化、抽象化，并且缺少传统意义上的视觉美感。人们的参观过程得到的只有不同的体验，参观者的主动性思考被激发出来。

在纪念性景观的设计上，对作品"空白"的把握并没有明确的尺度和规范来予以衡量，而且在现实中也没有不存在"空白"的作品，"留白"效果如何也只能通过经验和直觉来把握。"空白"的概念只是为人们提供一个分析的视角，并没有直接的方法论意义。

在一些纪念性景观的设计案例上，可以看到"空白"为类比、象征、隐喻等手法的运用提供想象空间，从而产生"召唤性"而给予读者想象和情感的激发。

美国俄克拉荷马城国家纪念园（Oklahoma City National Memorial，图 4-16、图 4-17）中布置的 168 个空置的椅子，为作品提供情节上的"空白"，使读者（参观者）自然地联想起在大爆炸中死难的 168 个无辜的人和这些死难者的缺席，进而对整个灾难产生体验式的想象和认识。通过这一过程，实现这一纪念性景观营造的文化意义。

在 1995 年 4 月 19 日 9 时 02 分，退伍士兵麦凯维（Timothy McVeigh）在俄克拉荷马城联邦大楼发动恐怖袭击，大爆炸造成 168 人死亡，包括 3 名孕妇和 19 名儿童，500 多人受伤，爆炸当时就炸塌了联邦大楼的 1/3，并波及了周围 6 个街区，324 座建筑被摧毁或损坏，86 辆汽车被毁坏。这次袭击是到当

图 4-16　俄克拉荷马城国家纪念园中空椅子

图片来源: 作者绘制

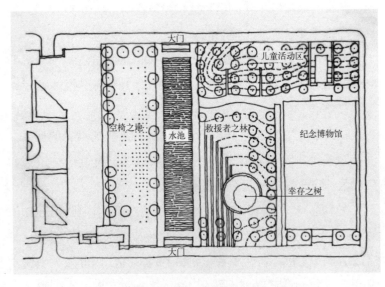

图 4-17　俄克拉荷马城国家纪念园平面图

图片来源: 作者编绘

时为止在美国本土发生的最严重的恐怖袭击。

俄克拉荷马城国家纪念园就是为此次恐怖袭击的遇难者、救援者和受伤者而建立的纪念园。设计方案是从来自23个国家的624份国际竞赛参赛作品中选拔出来的，由巴策设计公司（Butzer Design Partnership）完成。

纪念园位于在爆炸中被摧毁的俄克拉荷马城联邦政府大楼原址上，是原西北第五大街（NW 5th Street）的一段，介于罗宾逊大道（N. Robinson Avenue）至哈维大道（N. Harvey Avenue）之间，总占地约13000m²，主要由时间之门、映射水池（Reflecting Pool）、空椅之地（Field of Empty Chairs）、幸存者之墙（Survivors' Wall）、幸存之树（The Survivor Tree）、纪念围栏（The Memorial Fence）、救援者之林（Rescuers' Orchard）等景观组成。

空椅之地中168个手工制作的空椅子，由玻璃、铜和石材制成，椅子表示遇难者家庭餐桌前空缺的椅子，他们的名字被蚀刻在玻璃基座上。椅子被排成9排，代表被炸毁的大楼的九层。19个小椅子代表在灾难中死去的儿童。3个和母亲一起死去的未出生的儿童，他们的名字被写在母亲名字的下方。玻璃的材质也营造了一种若有若无的感觉，在夜幕来临时，从内部投射的光，使座椅产生晶莹剔透的效果。"邀请"、"缺席"的意味十分浓厚。

日裔美籍人历史广场（Japanese American Historical Plaza，图4-18）中布置的石块上的诗，通过对现实生活的歌颂和对自己已经当作家园的土地的思念,提供一种情节上的"空白"——

即被拘禁的过程的空白，这种空白留给参观者去想象和发挥，并通过与人权法案和政府的道歉信的对比，激发起参观者对这一事件的一些思考。随着时间的推移，在不同的历史阶段，不同的读者通过这一作品，结合不同的社会环境，都会产生不同的认识，以至于对于生命存在的现实复杂性也加深了理解。这一系列的读者体验与思维过程，恰恰是归功于作品恰当地为读者提供的"空白"和"召唤性"得以实现的。

图 4-18　日裔美籍人历史广场

图片来源: 作者绘制

1941 年 12 月 7 日，日本海军偷袭珍珠港，揭开了太平洋战争的序幕。由于担心间谍活动，以及各种破坏活动，在社会上鼓吹关押在美国西海岸的日本人和日裔美国人的声浪越来越大的情况下，1942年富兰克林·罗斯福签署了第9066号行政命令，授权陆军部在美国西海岸划定军事区，有权将任何可能对美国造成威胁的人，驱逐或关押。于是美国陆军，以军事需要的名义，建立10座强制收容所，将居住在加利福尼亚等地的12万日裔美籍人和具有日本血统的人进行关押，当时这些人中的大多数已经加入美国籍，他们被赶出家园，财产权和民权被剥夺，住在简易木房里，共用浴室，受到24小时监控，过着与世隔绝的生活，许多人直到战争结束才获得自由。

1976年2月19日，福特总统废除了1942年的行政命令。美国政府陆续通过法案和决议，向日裔美籍人就关押事件进行正式道歉和赔偿。

日裔美籍人历史广场就是一个向这些日裔美籍人道歉的纪念广场。石板铺装成弯曲的小路，一个从北部的跌水处伸展而来的矮石墙，将广场与公园的绿带分开，用13块玄武石和花岗石石材，刻写着文字，描述了关于日裔美籍人的不幸遭遇。广场中心的石块上刻写着集中营的名称，石块的下面是不规则的石板，反映出被拘禁者的梦想的破灭。最后的一个石块上是铜质的匾牌，上面是1988年的民权法的摘录和向第二次世界大战中被非法拘禁的日裔美籍人的道歉信。

12首诗歌刻写在"说话之石"上，从南至北沿着威拉米特河（Willamette）布置，这些诗歌描述着日本社团的历史，前六首描写的是到达新国家并且逐渐适应的过程，有一首这样写着：

"强大的威拉米特河，

美丽的朋友，

我在学习，

并且试着去念，

你的名字。"

"声音"在中部中断，象征着在第二次世界大战中日本社团被打散并且被重新安置，广场中央的一个大的立石表面上刻着10个因禁点的名字，它周围的铺装是细碎和破裂的，接续的石块表现的是战后社团的重建：

"通过汽车的窗户，

我瞥见了松树，

俄勒冈山脉，

我的心跳加快，

回到家园。"

设计师穆拉斯（Robert Murase）从日本传统文化中吸取营养，对佛教的哲学思想、茶道、插花、笛子和民间诗歌有很多的研究。广场的设计有浓郁的日本风格，运用空白来强化纪念性，这也是设计获得成功的重要原因。

但是，"空白"也不是人人都可以完全接受，"空白"的程度也是一个有很大讨论空间的问题。越战纪念碑被要求增加具象雕塑，并最终获得满足；犹太人大屠杀纪念广场的"不明确性"（Vagueness）引起一些人的异议，人们抱怨众多的混凝土块并没有对大屠杀提供明确的细节和证明。这些都说明"空白"的接受问题仍要回到社会层面接受检验。

　　"空白"作为作品所具有的一种特殊品质，并表现出程度不同的吸引力，自然要求在创作过程中应予以重视，然而正由于"空白"在作品中普遍存在，只是方式、程度不同而已，如何把握作品的"空白"成为每个创作者有意无意中都在探索的问题。就如同人们对"意境"的不尽追求一样，它的存在为每一个设计师提供挑战，并激发创作的动力。

第 5 章
当代纪念性景观设计的文化特征

每个时代都有自身的特征，文化领域也是如此。纪念性景观身处时代的潮流之中，必然表现出时代的文化特征。这种文化特征，既是一种历史的必然，也是迈向新文化的起点，只有了解当下，才能不落伍于时代，才有可能预见未来。

5.1 人文主义的召唤

人文主义思潮（humanism），狭义是指文艺复兴时期的一种思潮，其核心思想为：

（1）关心人，以人为中心，重视人的价值，反对神学观点中把人看作是神的秩序的一部分。

（2）主张人的理性，反对神学对理性的贬低。

广义的人文主义是指欧洲可追溯到古希腊的一种文化传统。简单地说，就是关心人，尤其是关心人的精神生活，尊重人的价值，尤其是尊重人作为精神存在的价值。

人文主义思潮对人类的社会活动有着广泛的影响。纪念性景观作为人类的文化活动的组成部分，同样受到这一思潮的动态影响，在当代纪念性景观的设计中，人文主义的文化特征十分明显，这主要表现在以下几个方面：

5.1.1 重视生命的价值，强调个体的价值

人文主义思潮尊重生命，强调个体的价值，反对宗教桎梏，

这一理念不可避免地在现代和当代纪念性景观中得到表现。在纪念性景观中，很多主题是对人物的纪念，如何看待被纪念者（或与纪念主题相关的人），反映的是纪念性景观的文化价值取向。

把被纪念者看作一个或一些活生生的、有血有肉的"人"（即使是"英雄"也是如此）而不是"神"来纪念，强调生命的价值和珍贵，提示人与人的关系，更符合人文主义的文化价值观。

巴黎里茨革命遇难者纪念墙（Monument aux Victimes des Revolutions，图5-1），大约建成于1909年前后，作者保尔·莫罗-沃蒂耶（Paul Moreau-Vauthier，1871—1936年）是法国雕塑家。纪念墙正中一个象征女神的雕像，张开双臂，用身躯保护着那些隐没在墙体中的人物，表现出对生命的尊重，符合人文主义的文化价值观念。

图5-1　巴黎里茨革命受害者纪念墙

图片来源：作者绘制

129

作者保尔·莫罗-沃蒂耶并非为了纪念战斗到底的公社战士，而是纪念遇难的敌对双方，包括凡尔赛政府军士兵以及作为人质在流血周被公社处决的巴黎大主教达尔布瓦等人，站在公社社员和支持者立场，这是无法接受的，这是这个纪念墙受到抵制、引起争议的原因。巴黎里茨革命遇难者纪念墙也曾被误认为巴黎公社社员墙，而真正的巴黎公社社员墙（Communards' Wall），位于拉雪兹公墓东北角，有一堵矮墙，是最后一批战士牺牲的地方。上面镶嵌着一块朴素的长方形大理石板，石面镌刻有"献给公社的烈士们 1871·5·21-28"（AUX MORTS DE LA COMMNUE 21-28 Mai 1871）几行大字。一年四季，来自世界各地的献花者络绎不绝。

越战纪念碑黑色的花岗石碑面形成镜面效果，阵亡士兵的名字刻写在上面，与参观者和纪念者的镜面映像交织在一起，产生朦胧的效果，生与死只是一面之隔。生与死的对话强调出生命的价值，表达对和平的祈盼，而不是对阵亡士兵的英雄式的歌颂来粉饰战争。

同样的效果还有朝鲜战争老兵纪念园中的黑色花岗石墙体（图 5-2），墙体 50m 长，200mm 厚，墙面上有超过 2500 名的士兵的图像，被喷涂在墙上，人们在面对这面映射墙体时，生死对话更加直白。

印第安纳州哥伦布市（Columbus）的巴塞洛缪县老兵纪念碑（Bartholomew County Veterans Memorial，图 5-3）中，外圈的柱子刻有战死者的名字，内圈的柱子刻有精选的他们的信件，这种将战争与日常生活相联系的方式，彰显出生命的可贵，因而也更具有人文主义的感染力。

图 5-2 朝鲜战争老兵纪念园中墙体上士兵的肖像

图片来源：http://archive.defense.gov/news/newsarticle.aspx?id=45255

（Photo by Rudi Williams）

图 5-3 巴塞洛缪县老兵纪念碑

图片来源：作者绘制

5.1.2 反思战争与灾难，祈祷和平与平安

20世纪人类经历了两次全球性战争的浩劫，每次战后都有大量的战争题材纪念性景观的建造，尤以第二次世界大战后为著。纪念性景观的建造与往昔相比，有了很大的转变，"战胜者不再夸耀武功（柏林苏军纪念墓地持剑雕刻例外），只悼念死伤；战败者摒弃复仇主义，只祈祷和平"。❶

日本广岛和平纪念公园（Hiroshima Peace Memorial Park），将原子弹爆炸后残留的一座建筑保留下来，称作原爆堂（Atomic Bomb Dome）。这座建筑原来是日本的广岛的产品展示中心，是一座框架结构钢筋混凝土建筑，广岛原子弹爆炸时，由于正处于原子弹爆炸中心，遭受的冲击最强烈，里面的人全部遇难，但建筑本身却是爆炸中心附近屈指可数的幸存建筑之一，保留下来作为原子弹爆炸的纪念物，警示战争和核武器的危害，可以引发一种对和平的期望（图5-4）。

"9·11"国家纪念广场和博物馆（原名：世贸中心场地纪念性景观，World Trade Center Site Memorial，图5-5）设计竞标中标方案，以"空洞"（void）和"缺席"（absence）来表达对"9·11"灾难中死去的数千人的纪念，"空洞"和"缺席"产生的效果是：唤起人们对和平和平安的期望。

纽约世界贸易中心是一座世界闻名的建筑，在建成之初曾

---

❶ 童寯.外国纪念建筑史话[M]《建筑师》编辑部编.建筑师（5）.北京：中国建筑工业出版社，1980：189。

图 5-4　日本广岛和平纪念公园原爆堂

图片来源：作者绘制

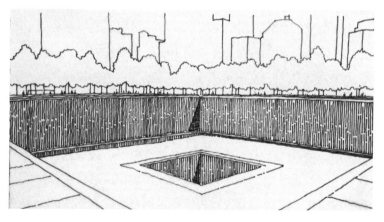

图 5-5　"9·11" 国家纪念广场和博物馆

图片来源：作者绘制

是世界第一高楼，是美国"全球贸易中心"地位的象征，是美国人民引以为豪的高科技建筑作品。

在 2001 年 9 月 11 日上午 8：45，一架被劫持的波音 767 飞机——由波士顿飞往洛杉矶的美国航空公司 11 号航班，撞上了纽约世界贸易中心北塔楼。上午 9：03，第二架被劫持的波音 767 飞机——由波士顿飞往洛杉矶的联合航空公司 175 号航班，撞中了纽约世界贸易中心南塔楼。上午 9：50，先是南塔楼的顶部几层坍塌，随后扩至整栋塔楼。上午 10：28，北塔楼的顶部几层发生爆炸，随后楼体其余部分倒塌。"双子塔"的坍塌成为美国历史上最大的一起恐怖袭击事件。在这次恐怖袭击中，共有近 3000 人遇难。2 小时之内，在电视直播镜头面前，整个世界目睹了这一恐怖事件的发生和结果。

灾难发生之后，纽约世界贸易中心坍塌后的场地利用被提上议事日程，设立纽约世界贸易中心纪念景观成为共识。

2004 年 1 月，第一阶段概念竞赛结束，由建筑师迈克·阿拉德（Michael Arad）提出的名为"映射的缺失"（Reflecting Absence）的方案，在来自 63 个国家的 5200 个参赛方案中脱颖而出，与其他 7 个入选方案进入第二阶段，按照竞赛要求需进一步完善设计概念并可付诸实践。评委们虽然认可迈克·阿拉德的构思，但觉得其景观设计难以达到集纪念和户外休闲于一体的目的，建议他找一家景观公司合作。于是，有丰富的都市广场景观设计经验的 PWP 景观设计事务所受到邀请加入到第二阶段的设计竞赛。双方密切合作赢得了竞赛，并完善了最终的实施方案，著名景观设计师彼得·沃克（Peter Walker）在团队起到了重要的作用。

纪念广场的主题是"映射的缺失"，意在营造一种由于灾难而引起的缺失（Absence）的感觉。

纪念的对象除了"9·11"袭击中遇难者外，还包括 1993 年 2 月 26 日在世贸大楼的另一次袭击中的遇难者。 ❶

纪念广场包括地下纪念水池、纪念广场、地下博物馆三个部分，纪念水池是纪念广场的主体景观，在原世贸双塔的原址修建两个正方形纪念水池，水池边长约 61m，水池的深度约 9m，四边是跌水，跌水在底边形成一个水面后，再次跌入一个空洞（viod）之中，提示着一种缺失的存在。环绕水池是一堵矮墙，上面刻写着遇难者的名字，人们可以在这里寄托哀思，怀念亲人。地下博物馆用于展示恐怖袭击的相关信息，保留了一辆消防车和世贸大楼的金属柱子。

当代纪念性景观反思战争与灾难，祈祷和平和平安的这一特点，与第二次世界大战后人文主义思潮的普及和发展密不可分，同一时期的其他文化产品，比如文学艺术、绘画艺术、电影艺术、音乐艺术都有大量的反对战争、祈祷和平、强调生命价值的作品出现，一度成为一种文化热潮。

---

❶ 1993 年 2 月 26 日，世界贸易中心大楼曾遭受过一次恐怖袭击。这次恐怖袭击共造成 5 人遇难，2 人失踪，1000 多人受伤。

5.1.3　平民化的方式

人文主义关心人，重视人的价值，也强调人人平等的概念，英雄、杰出人物不再是高、大、全的形象，而是和大众一样实在的生命。在这种理念下，当代纪念性景观中的英雄和"杰出人物"抛弃了传统纪念性景观中的"神性"光环，不再是一种高大神圣的姿态，而是一种平民化和生活化的风格。

罗斯福纪念园的设计原则中，最重要的一条就是将罗斯福总统定格为一个普通的人，而不是一个高高在上的神。罗斯福总统雕像没有高大的基座，尺度也仅比正常人体略大，旁边还有爱犬的塑像，人们可以近距离地感受罗斯福总统，感受主人公政治形象之外的个人魅力（图5-6）。

索姆河战役失踪者蒂耶普瓦勒纪念碑（见图2-13）不是一个纪念战争胜利的纪念碑，那些失踪的、未确定身份的、没有已知坟墓7万多名英国及英联邦士兵的名字被刻在石板的表面，以一种哀悼的心情纪念那些普通的生命。这种方式对美国首都华盛顿的越战纪念碑的纪念形式也产生了一定的影响。

香港星光花园中，放置了许多演艺界明星的手印和签名（图5-7），以致敬和纪念这些明星和名人在影视艺术方面的贡献，手印和签名这些生活化的景观，拉近了参观者与明星、名人们的距离，符合当代社会"人人平等"的文化价值观。

图 5-6　罗斯福纪念花园中的罗斯福雕像图

图 5-7　香港星光花园明星手印签名景观

5.1.4　注重体验

人文主义思潮强调人性，尊重个体价值，就承认价值观念的差异性，相关文化产品就摒弃说教，作品中更多地注重体验，寓真、善、美于体验之中，让读者（参观者）的阅读、体验和想象成为作品的组成部分。

林璎（Maya Lin）设计的民权运动纪念碑强调"感触性"，希望参观者来触摸桌状碑体和水流（图 5-8），由此产生对民权运动的进步性的认识。

图 5-8　民权纪念碑

图片来源：作者绘制

戴安娜王妃纪念喷泉则通过富于变化的水流，包括斜坡跌水、涌泉、阶式跌水、翻滚效果水景和静水池等，以反映王妃的多样品质，邀请参观者来感触水的亲切（图 5-9），引导对戴安娜王妃的优秀品格的回忆和怀念。

丹尼尔·里勃斯金（Daniel Libeskind）设计的柏林犹太人博物馆（Jewish Museum Berlin），从造型的连续锐角曲折，到内部的狭窄、幽暗空间安排，无不给人提供一种被控制、被关押、被折磨的感觉和体验，从而产生对历史上犹太人所遭受的苦难的理解，引发对历史的思考。

图 5-9　戴安娜王妃纪念喷泉

图片来源：作者绘制

"知识和理性乃至逻辑推理并不给我们提供现成的人生困境的答案，答案只在每个人的寻求和探索之中，……答案在生活的真切体验中，在亲身的经历、直接的感受、心灵的痛苦、危机和唤醒之中，体验给予我们思考的起点……" ❶

强调感觉，并承认差异化认识的合理性，是人文主义发展的一个必然结果，这一点，在当代纪念性景观的设计中，越来越被人们所重视。

---

❶　王岳川.体验与艺术——现代西方美学本体论轴心 [M]//《外国美学》编委会编.外国美学 12.北京：商务印书馆，1995：1。

人文主义已经是人类的一个基本共识，成为一种主要的文化思潮，其积极意义是显而易见的。但我们还应该看到，尽管已经深入人心，但人文主义并不是灵丹妙药，人们在老兵纪念碑前对战争的反思，对和平的向往，并没有阻止这个世界上仍然轰鸣的炮火，并没有消除士兵在枪林弹雨中的危险境地，炸弹还在时常投向无辜平民百姓。因此，伴随着一个个新修建的纪念性景观，还有一声声的叹息和无奈，这说明人文主义的思想和文化要发生作用，仍任重道远（图5-10）。

图5-10　刊登在2016年《华盛顿邮报》上一幅关于纪念碑的漫画（左侧碑体上的标牌文字为"越战纪念碑"，右侧正在开挖纪念碑的标牌为"伊拉克纪念碑"）

图片来源：Landscape Architecture，2007（2）：24，原作者未标注

5.2 科学技术的光芒

当代纪念性景观设计处在科学技术快速发展的阶段，科学意识的普及，科学技术所能带来的变化，都在深深地影响着当代纪念性景观设计。这突出表现在新技术与新材料的运用以及计算机辅助技术的发展，给纪念性景观的形式创新带来了新的变化，也使当代纪念性景观设计具有了鲜明的时代烙印。

5.2.1 新技术和新材料

科学技术的发展和新材料的运用，为当代纪念性景观的设计和营造带来新的变化，令当代纪念性景观的表现形式焕然一新，成为当代纪念性景观的特色化和艺术化的技术支撑。为纪念"9·11"而投射的悼念之光（Tribute in Light，图 5-11），由 88 组探照灯（分两组）投射的光组成，最初是临时景观，因为效果获得认可而成了长期的景观。悼念之光填补了由于世贸双塔倒塌而有所缺失的曼哈顿天际线，很好地阐释了灾难的后果，表达一种虚空的纪念性，效果令人印象深刻，对光技术和效果的运用，是景观效果实现的保障。

在位于美国首都华盛顿的军队中的女兵纪念馆（Women In Military Service For America Memorial，图 5-12）中，设计师将阵亡女兵的名字蚀刻在天窗的玻璃上，从那里阳光能够照射进来，将这些名字投射到下层垂直的大理石板上。在

图 5-11　悼念之光

图片来源: https://www.911memorial.org/tribute-light（"9·11"纪念景观官网，作者未
注明）

图 5-12　军队中的女兵纪念馆的玻璃天窗

图片来源: 作者绘制

不同的季节里，每天的不同时刻，塑造出不同的景象，在上部平台上走动的人们的身影投射到下面的大理石板上，诗意般地阐释着历史和时光的短暂。类似的例子还有位于美国首都华盛顿国际新闻历史博物馆（NewSeum）中的记者纪念碑（Journalists' Memorial）、乌拉圭蒙得维的亚（Montevideo）的乌拉圭失踪者纪念性景观（Memorial of the Missing in Uruguagy，图 5-13）中，将被纪念者的名字刻在玻璃上，供人们凭吊、纪念，钢结构技术和钢化玻璃材料，是这种纪念手段能够运用的前提。

图 5-13　乌拉圭失踪者纪念园
图片来源：作者绘制

妇女选举权纪念园中（见图 2-22、图 2-23），采用镀膜的金属管材，以弯曲金属管材所构成的竖向与横向条纹，来隐喻妇女选举运动的历程和变化。

西班牙马德里"3·11"遇难者纪念碑（11 March Memorial for the victims，图 5-14）的标志性景观，是地表上一个大的空心圆柱体，由 1.5 万块精制的玻璃砖组合而成，玻璃砖是用一种液体丙烯酸材料粘结，并用紫外线照射固化。这种独特的造型和玻璃材料的使用，使得景观形成了不同以往的纪念效果：白天，太阳光穿过玻璃砖照射到地下空间展示大厅，形成一种光斑；晚上，砖体的圆筒被底部的光线的照射，散发出柔和的光芒，形成一个城市的亮点。在玻璃塔的圆筒内，一个薄膜上印刷了数百条悼念信息，从地下展示大厅向上望去，纪念碑晶

图 5-14　西班牙马德里"3·11"遇难者纪念碑

图片来源：作者绘制

莹剔透，宛如一个水晶体，人们抬头仰望天空，具有纪念内容的文字在蓝天的衬映之下，产生动人的纪念效果。

2004年3月11日上午7时，西班牙马德里多列车同时发生爆炸，造成191人死亡，1800多人受伤，成为西班牙第二次世界大战结束以来遭受人员伤亡最惨重的恐怖袭击。这一事件被称为"欧洲的9·11"。

在爆炸发生3周年之后，2007年3月11日，该纪念碑揭幕。这座纪念碑是由一个西班牙青年建筑师小组（FAM architecture studio）设计的，矗立在阿托查（Atocha）火车站外的广场上，纪念碑高12m。纪念碑包含两部分内容：玻璃柱体和地下展示大厅，这两部分用圆柱的"窗户"联系在一起，创造了一种向着城市升起的印象。玻璃柱体下面是$500m^2$的地下展示大厅，人们可以穿过一个快速路的下方，从火车站进入这个地下大厅。从地下展示大厅向上望去，纪念碑晶莹剔透，宛如一个水晶体。在玻璃塔的圆筒内，薄膜上印刷的数百条信息，是爆炸后的日子里悼念者留在火车站的。玻璃结构和薄膜材料的使用，是这个纪念性景观特色形成的关键。

南昌利玛窦广场中，利用耐候钢塑造巨大的体块，形成一个蜿蜒曲折的空间，象征着意大利传教士利玛窦在南昌传教的经历（图5-15）。在墨西哥城暴力袭击受害者纪念碑（Memorial to victims of violence，Mexico City，Mexico）中的耐候钢、曼德拉被捕地纪念雕塑（Nelson Mandela Monument）中的钢材，都是利用钢材这种现代材料的特性加工、营造的构思新颖的纪念性景观。

图 5-15　南昌利玛窦广场中，耐候钢塑造的体块

图片来源：作者绘制

5.2.2　计算机辅助技术

计算机辅助技术的发展，也对纪念性景观的设计产生一定的影响。

在美军武装力量纪念园（图 5-16）中，粉灰色花岗石平台塑造了一双奉献的手形，手形内为水池，水从这双抽象的手的结合处跌落到平台下方的水池中。这种抽象造型的寓意是生命的奉献，弧形水池的石材造型是寓意能够实现的重点。石材的加工用了一种自动切割锯子，以能够和设计事务所的 3D 设计相呼应，以顺利完成特殊弧面的石材切割。

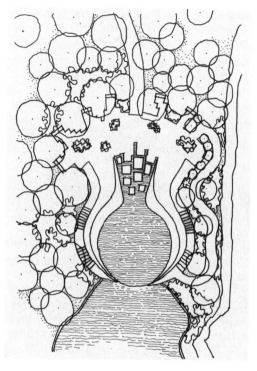

图 5-16　国际和平园和美军武装力量纪念园平面图

图片来源: 作者绘制。摹自: Landscape Architecture, 1996（7）: 76

戴安娜王妃纪念喷泉（图 5-9），运用多种喷泉技术，用变化的、流淌的水体来表现戴安娜王妃的亲切和优雅。喷泉造型所用的 545 块花岗石是用计算机辅助技术来协助机器切割组合而成，这确保了造型的精准和完整，方便了施工，并保障了这些花岗石能够形成缓流、台阶、跌水、弯曲等水景形态，以象征戴安娜王妃人生的多重变化。如果没有计算机技术的精确尺寸控制，这个景观的实现是难以想象的。

新技术与新材料的使用，促进了纪念性景观形式语言的丰富，塑造了完全不同于传统的新景观，推动了纪念性景观的艺术发展，也强调了纪念性景观的时代特点。

5.3　艺术世界的探索

从 20 世纪开始，现代艺术的发展就呈现多元化趋势，各种艺术现象十分活跃，带动了相关专业的艺术发展新趋势，各种创新不断涌现。在设计领域，纪念性景观艺术走向了更加自由的形式创作，艺术家的不断创新，建筑师、景观设计师、雕塑艺术家不断的形式探索，给纪念性景观带来了众多的变化，纪念性景观的艺术世界呈现出多元化的特点，纪念性景观及其设计既有传统风格的设计和案例，也有形式新颖、特点突出的现代风格，而且前卫性和试验性的特色化作品不断涌现。

5.3.1　多元化

美国第一次世界大战纪念园入围作品 0037 号（图 5-17）、美国第二次世界大战纪念园（National World War II Memorial，图 5-18、图 5-19）总体风格均为古典样式，这是出于外部环境为古典氛围的原因。尽管有许多不同的声音，但也从一个方面反映出多元文化世界的包容性。

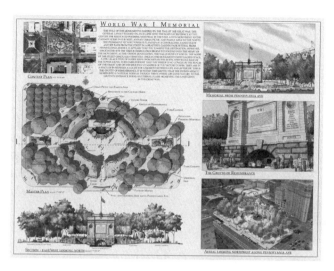

图 5-17　美国第一次世界大战纪念园入围作品 0037 号

图片来源：http://www.worldwar1centennial.org/

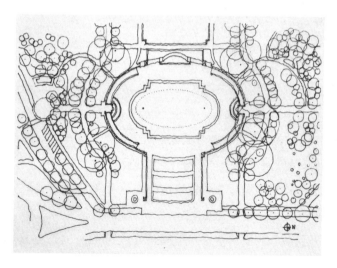

图 5-18　美国第二次世界大战纪念园平面图

图片来源：作者编绘

图 5-19　美国第二次世界大战纪念园的古典风格

图片来源：作者绘制

5.3.2　特色化

　　特色是前卫性和试验性设计师所努力追求的，是艺术世界不断探索的结果。相关的作品中，参与者包括艺术家、建筑师、景观设计师，形式多样，且新颖大胆，如纽约悼念之光（见图 5-11）、柏林欧洲被屠杀犹太人纪念碑（见图 4-15，图 5-25）的硕大体量、南非曼德拉被捕地纪念雕塑（图 5-20）的巧妙等。

　　曼德拉被捕地纪念雕塑是由南非艺术家马尔科·钱法内利（Marco Cianfanelli）在 2012 年，为纪念和平活动家和政治家，前南非总统纳尔逊·曼德拉（Nelson Rolihlahla Mandela，1918年 7 月 18 日—2013 年 12 月 5 日）被捕 50 周年（1962 年被捕）而创作的一座纪念雕塑。纪念雕塑位于当年曼德拉被捕的地方，是曼德拉 27 年的牢狱生涯的起点。纪念碑由 50 根不同的钢柱组成，钢柱组合在一起，人们站在一定的距离，就能够看出钢柱中显现的曼德拉的头像。

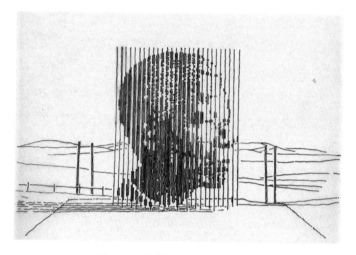

图 5-20　曼德拉被捕地纪念雕塑

图片来源：作者绘制

这些前卫性和试验性的作品，有的以新技术景观为特色，有的以空间和环境塑造为特色，有的以触觉、体验为特色，有的以贴切的隐喻为特色，无不个性鲜明。这些作品将纪念文化和艺术创作结合在一起，丰富了人们的艺术世界和审美图景，让人们在美的世界里展开纪念活动，更加有效地阐释了纪念的主题，更好地激发起历史感和社会感。

如何塑造艺术特色，探索纪念性景观的形式潜力，是纪念性景观设计的一个永久话题和任务。

5.4 家园环境的守望

家园文化、生态文化，都表现出对人类生存环境的关注，是人类文明发展到一个新阶段的必然结果，这就要求人类的营造活动注重整体性，尊重自然，环境友好。

从当代纪念性景观的发展来看，当代纪念性景观也表现出家园环境的文化诉求，这主要表现在以下几点：

5.4.1 高大造型的式微趋势

从古埃及时期，纪念性景观就走在追求高大造型的路线上，从金字塔、方尖碑（Obelisk）、罗德岛太阳神像（Colossus of Rhodes）、摩索拉斯陵墓（Mausoleum of Maussollos）、图拉真纪功柱（见图2-5），到近现代的第三国际纪念碑（Monument to the Third International，图5-21）方案、埃菲尔铁塔（Eiffel Tower）、华盛顿纪念碑（见图1-13）、美国圣路易斯市大拱门（见图2-15）、斯大林格勒保卫战纪念综合体（见图1-8）等，许多重要的纪念性景观表现出追求高大、追求标志性的特点。

第三国际纪念碑是弗拉基米尔·塔特林（Vladimir Tatlin，1885—1953年）设计的，设计高度为400m，虽然方案未实施，但可看出其追求高大、标志性的意图。

图 5-21　第三国际纪念碑模型

图片来源：http：//www.counterfire.org/articles/history/18760-art-and-politics-in-revolutionary-russia-part-1

（拍摄者未标注）

在斯大林格勒保卫战纪念综合体中，主体塑像“祖国母亲”身高 52m，连同右手高举的宝剑高 85m，再加底座共高 104m，在很远的地方就可看到。

奚静之在讨论雕塑艺术时，就曾指出：“60 年代以来的雕塑有较大的发展，大型雕塑纪念碑的规模极为惊人，以雕塑为主的综合艺术群在许多城市出现。"❶ 可见这种追求高大的风气影响之大。

而从哈尔普林 1974 年开始罗斯福纪念园设计起，重大纪念性景观的设计与营造中追求与环境的融合逐渐成为新趋势。

林缨设计的越战纪念碑、《独立宣言》56 个签署者纪念园、朝鲜战争老兵纪念园等有影响力的纪念性景观均表现出这种特点。

20 世纪 80 年代以后，世界上有影响的纪念性景观中，就鲜有追求高大形体的建造方面的报道。

在人物造型上也是如此。林肯纪念堂中林肯的坐姿雕像（图 5-22）如果按比例改成立像，雕像高度将达约 8.5m，是正常人体高度的 4~5 倍，而且位于高大的基座之上，尽管其尺度是参考了空间和视觉关系，但其追求高大纪念效果的目的是十分明显的。而同样是总统，罗斯福纪念园中的罗斯福雕像（见图 5-6）也仅仅比正常的人体略大一点，人物雕塑的布局，也不再追求高高在上，而是尽量贴近大地，便于人们接近。

5.4.2 展示建筑的消隐趋势

在家园文化的背景下，纪念性建筑的设计也出现了一种变化的趋势：一方面是自然要素在设计中占据越来越多的比重；

---

❶ 奚静之. 俄罗斯美术十六讲 [M]. 北京: 清华大学出版社，2005: 188。

图 5-22　林肯纪念堂中林肯的坐姿雕像

图片来源：https：//www.nps.gov/nama/learn/news/lincolnbirthday18.htm〔*NPS photo*〕

　　另一方面，一些必要的展示、服务性建筑，也出现了隐蔽、消隐的趋势，体量上也不再追求巨大，而是低矮的姿态，甚至将展示、服务性建筑安排在地下，以突出其他景观要素所能形成的艺术感染力。

　　"9·11"国家纪念广场和博物馆的设计中，将博物馆安排在地下（图 5-23、图 5-24），以留出大面积的广场和纪念水池，确保纪念性景观主体概念"映射的缺失"（Reflecting absence）的形成和完整。

　　柏林欧洲被屠杀犹太人纪念广场〔Memorial to the Murdered Jews of Europe in Berlin，图 5-25），场地中 2711 个混凝土块体体量庞大，展示建筑位于地下，展览面积约为 800m^2，它以一种谦和的姿态来处理与纪念碑体的关系，只露出一角来采光，并安排升降电梯，较好地确保了广场设计师艾森曼设计方案的完整性。

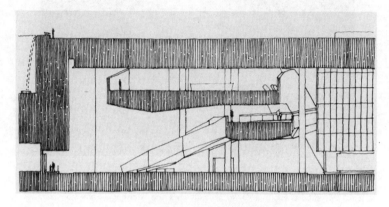

图 5-23 "9·11" 国家纪念广场和博物馆的剖面图局部
（顶部及左上角为广场及跌水水池）
图片来源：作者编绘

图 5-24 "9·11" 国家纪念广场和博物馆的地下展厅
（基础大厅 Foundation Hall）

图片来源：https://www.911memorial.org/sites/default/files/articles/_O9A2023.jpg
（拍摄者未标注）

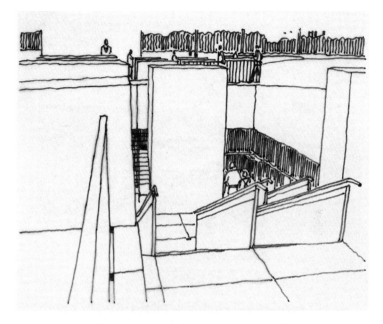

图 5-25   柏林欧洲被屠杀犹太人纪念广场地下展厅出入口

图片来源：作者绘制

　　"5·12"汶川特大地震纪念馆（图 5-26）采用"裂缝"的景观形式，大型的展示建筑采用屋顶绿化，从而使建筑体量达到消隐的效果。建筑用"裂缝"为出入博物馆提供了入口通道，同时连接了整个场地，其造型也暗示了地震的危害。整个建筑紧密结合地形，与周围山体融为一体，既在形象上展示了地震的特征，也呼应了大地的形态，整个建筑"隐"的姿态十分明显。

　　侵华日军南京大屠杀遇难者纪念馆（图 5-27），史料陈列厅的一部分展示空间是安排在地下。这样，纪念馆的整体造型

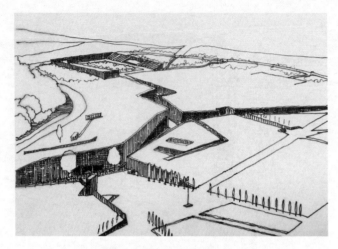

图 5-26 汶川特大地震纪念馆

图片来源：作者绘制

图 5-27 侵华日军南京大屠杀遇难者纪念馆史料陈列厅

地表部分和集会广场

图片来源：作者拍摄

就更加灵活，也相对比较平和，更容易与周围的城市环境、大地形态相呼应，并塑造更多的户外空间，便于人们开展多种类型的纪念性活动。

展示建筑的消隐趋势并不是减弱纪念性景观中建筑的展示功能，也不是刻意缩减室内展示空间，而多是出于造型、整体环境塑造的目的。

5.4.3　整体环境的塑造和自然因素的运用

用景观来界定纪念活动所生成的纪念物，表明了当代纪念性景观设计中环境因素的重要性。1974 年完成的罗斯福纪念园设计方案（图 5-28），运用 4 个开敞空间来表达主题，取代了竞标优胜的高大碑体方案，就彰显了整体环境的重要性。

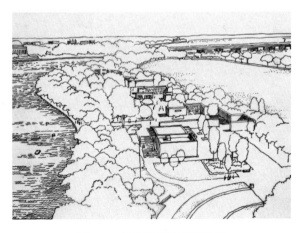

图 5-28　罗斯福纪念花园鸟瞰

图片来源：作者绘制

159

在华盛顿国家公园这个大的纪念性景观中，开创对环境的尊重，罗斯福纪念园的设计是第一个，因为它的方案和设计思想在 1974 年就已经提出来了。

林璎设计的越战纪念碑（图 5-29，1981 年竞赛中标），同样不再追求纪念碑高大雄壮的特征，而是运用地形切割的方式，将碑体与环境融合，平和的、根植于大地的造型，既提供了让人们解读战争的文本，也暗示了医治战争创伤的愿望。

图 5-29　越战纪念碑

图片来源：作者绘制

穆拉斯设计的波特兰日裔美籍人历史广场（见图 4-18）中，用在石块刻写怀念家园类诗词的方式，来作为纪念性景观的主体，用 100 株列植的樱花来暗示忧伤的心情和被纪念者特殊的身份，创造出平和化的纪念性景观，其中景观的纪念性与自然要素、雕塑、文学完美地结合在一起。

"93 号航班"国家纪念园（Flight 93 National Memorial，

图 5-30）的设计中，遗址地、礼拜堂、纪念墙与枫树林、野生植物紧密结合在一起，景色也随着季节发生着变化，产生强烈的场所感。

图 5-30　"93 号航班"国家纪念园设计方案中枫树林效果

图片来源：作者编绘

美国第一次世界大战纪念园竞赛入围方案中，以地形为主的方案"英雄之绿地"（Heros' Green，图 5-31）将地形、道路、墙体、植物融合在一起，形成一种变化的、特色鲜明的、起伏变化的景观，5 个弧形墙体上，第一次世界大战的纪念性影像身处于绿色景观之中。

约翰·丹佛（John Denver，1943—1997 年）是美国著名流行音乐和乡村音乐家。他的许多歌曲都广为人知，如歌曲《乡村路，带我回家》（Take Me Home，Country Roads）和《高高的洛基山》（Rocky Mountain High）等。约翰·丹佛纪念石（John Denver Memorial，图 5-32），将约翰·丹佛演唱的歌曲，歌词雕刻在自然石块上，与洛基山的自然环境融为一体，为约翰·丹佛的歌曲《乡村路，带我回家》做了很好的注解。

图 5-31 "英雄之绿地"方案

图片来源: http://www.worldwar1centennial.org/

图 5-32 约翰·丹佛纪念石

图片来源: 作者绘制

从这些设计实例来看，当代纪念性景观设计中，自然要素在设计中越来越受到重视，扮演着越来越重要的角色，营造整体性纪念环境，注重自然要素的运用，突出自然要素，也越来越成为纪念性景观设计的一个重要趋势。

这是一个多元的文化时代，人类创造了文化，形成了这个时代的文化特征，同时文化又影响了人的实践活动。杰出的艺术家和设计师总是能敏锐地捕捉和认识到文化世界的变化，并通过语言符号，把自己的感觉和认识用形式展示并呈现出来。洞悉时代的文化特征，抓住时代的文化脉络，跟随时代发展的脚步，才能立足于坚实的文化基础，创作出符合甚至超越时代的文化作品，从而实现纪念性景观设计和营造的文化价值，并完成其最终的目的。

参考文献

[1] 谭垣，吕典雅，朱谋隆.纪念性建筑 [M].上海：上海科学技术出版社，1987.

[2] 游明国.景观纪念性建筑 [M].台北：艺术家出版社，1993.

[3] 齐康.纪念的凝思 [M].北京：中国建筑工业出版社，1996.

[4] 埃德温·希思科特.纪念性建筑 [M].朱劲松、林莹译.大连：大连理工大学出版社，2003.

[5] 刘德滨，俞永康等.西方美术名作鉴赏辞典 [M].长春：吉林美术出版社，1989.

[6] 王向荣、林箐.西方现代景观设计的理论与实践 [M].北京：中国建筑工业出版社，2002.

[7] 朱伯雄主编.世界美术史 [M].济南：山东美术出版社，1991.

[8] 朱立元主编.现代西方美学史 [M].上海：上海文艺出版社，1996.

[9] 阮智富，郭忠新编著.现代汉语大词典 [M].上海：上海辞书出版社，2009：1589.

[10] 何顺果.世界史：以文明演进为线索 [M].北京：北京大学出版社，2012：5.

[11] 夏征农，陈至立主编.辞海（第六版彩图本）2[M].上海：

上海辞书出版社，2009：1032.

[12] 俞孔坚.以土地的名义：对景观设计的理解 [J].建筑创作，2003（7）：28-29.

[13] 毕治国.死亡艺术 [M].哈尔滨：黑龙江美术出版社，1996：181.

[14] 刘文鹏.埃及考古学 [M].北京：生活·读书·新知三联书店，2008：191.

[15] 恩斯特·卡西尔.甘阳译.人论 [M].上海：上海译文出版社，1985：7，288.

[16] 沈福煦.现代西方文化史概论 [M].上海：同济大学出版社，1997：2.

[17] 帕瑞克·纽金斯.世界建筑艺术史 [M].顾梦潮，张百平译.合肥：安徽科学技术出版社，1990.

[18] 葛晓燕编著.再现世界历史·古埃及历史与文明 [M].济南：山东科学技术出版社，2017：8.

[19] 童寯.外国纪念建筑史话 [M]//《建筑师》编辑部编.建筑师（5）.北京：中国建筑工业出版社，1980：183-192.

[20] 张志刚.宗教学是什么 [M].北京：北京大学出版社.2016：23.

[21] 黄仁宇.万历十五年 [M].北京：生活·读书·新知三联书店，1997：134.

[22] 李鹏程.当代文化哲学沉思 [M].北京：人民出版社，1994.

[23] 叶秀山.美的哲学 [M].北京：东方出版社：1997：11.

[24] 陈伯冲.建筑形式论——迈向图像思维 [M].北京：中国建筑工业出版社，1996：138.

[25] 俞建章，叶舒宪.中西美学中关于"意义"的问题——语言与艺术的比较研究 [M]//《外国美学》编辑部编.外国美学（6）.北京：商务印书馆，1989：13.

[26] 简·麦金托什.探寻史前欧洲文明 [M].刘衍刚等译.北京：商务印书馆，2010.

[27] 斯蒂芬·伯特曼.探寻美索不达米亚文明 [M].秋叶译.北京：商务印书馆，2009.

[28] 李之亮注译.唐宋名家文集：苏轼集 [M].郑州：中州古籍出版社，2010.

[29] 希罗多德.历史 [M].王以铸译.北京：商务印书馆，1959.

[30] 杨至德.纪念性景观设计 [M].南京：江苏凤凰科学技术出版社，2014.

[31] 穆希娜.纪念碑雕刻中的主题和形象 [J].奚静之译.世界美术，1979（1）：38-48.

[32] 刘滨谊，李开然.纪念性景观设计原则初探 [J].规划师，2003（2）：21-25.

[33] 顾孟潮.纪念性建筑 [J].中国工程科学，2005（2）：15-19.

[34] 何咏梅，胡绍学.纪念建筑的"召唤结构" [J].世界建筑，2005（9）：106-108.

[35] 李开然.纪念性景观的含义 [J].风景园林，2008（4）：

46-51.

[36] 张红卫、王向荣.漫谈当代纪念性景观设计 [J].中国园林，2010（9）：38-42.

[37] Ralph Darbyshire.让流言不攻自破——皮特·艾森曼柏林纪念馆 [J].吴子茹译.今日美术，2008（2）：109.

[38] 边翼.苏联城市雕塑一角 [J].城市规划，1983（2）：39-43.

[39] 王向荣，张红卫."因借无由，触情俱是"——论纪念性景观设计中对文字的运用 [C].中国风景园林学会 2010 年会论文集.北京：中国建筑工业出版社，2010.

[40] 董斗斗.《纪念碑宣传法令》影响下的苏联城市雕塑 [J].艺术百家，2009（6）：273-274.

[41] 胡绍学.纪念 1997 香港回归国际概念设计竞赛评析 [J].世界建筑，1997（3）：99-101.

[42] 郑光中.心灵的丰碑——从梁思成先生的手稿《人民英雄纪念碑设计的经过》谈起 [J].建筑学报，1991（5）：25-28.

[43] 北京画院美术馆.人民英雄纪念碑建设始末 [J].中国文化遗产，2008（3）：94-104.

[44] 陈迈.从台湾最近的两个竞图谈起 [J].建筑学报，1997（1）：21-23.

[45] 安妮·惠斯顿·斯本.景观的语言：文化、身份、设计和规划 [J].张红卫，李铁译.中国园林，2016（2）：5-11.

[46] 奚静之.俄罗斯美术十六讲 [M].北京：清华大学出版社，

2005：188.

[47] 李新博．"语言是存在之家"："语言论转向"的方法论缘由和本体论意蕴 [J]. 外语学刊，2012（6）: 2-7.

[48] 沈莹．英雄与坟墓——从希腊坟墓标识物到文艺复兴教皇陵 [J]. 装饰，2014（9）: 30-35.

[49] 蔡永洁．5·12汶川特大地震纪念馆,北川,四川,中国 [J]. 世界建筑，2016（5）: 98-99.

[50] Daniel Jost. The Washington Outsider[J].Landscape Architecture，1997（9）: 94-97.

[51] Aaron Odland. Reconnecting With The Urban Dead[J]. Landscape Architecture，2010（6）: 40-45.

[52] Deborank K. Dietsc. Memorial Mania[J].Architecture，1997（9）: 94-97.